在複雜的世界裡　做出非凡的決策

面對快速、複雜、多變的環境，
決策的兩難已成為新常態，
如何在對立中找到更多機會，
創造出更優質的解決方案？

整合思維正是突破的關鍵。
保持開放心態，將更多因素納入決策考量，
不要輕易妥協，探究問題的全貌與細節，
不斷形塑更佳決策，創造不一樣的未來。

——玉山金控與您分享大師的智慧

The Opposable Mind

How Successful Leaders Win through Integrative Thinking

決策的兩難

釐清複雜問題，跨越二選一困境的思維模式

羅傑‧馬丁 Roger Martin———著

馮克芸———譯

— 推薦序 —

超越兩難的關鍵思維

玉山金控董事長／黃永仁
玉山金控總經理／黃男州

To be, or not to be, that is the "Opportunity."

　　策略與執行猶如雄鷹的雙翼，精準的決策加上有效的執行，才能展翅高飛，翱翔於寬廣的天際。處在超競爭的世界裡，前瞻未來的策略是贏得勝利的基石，兼具速度與準度的執行力則是邁向成功的關鍵。然而在策略上，企業時常面對決策的兩難困境，陷入取捨的進退維谷，如何能夠真正突破困境，擬定出創新且清晰的策略，兼容並蓄不同決策的優點，同時降低缺點與風險，便成為企業經營最重要的課題。

　　2017 年 Thinkers50 全球五十大管理思想家榮獲第一名

的羅傑‧馬丁（Roger Martin）教授藉由深入研究成功領導
者面臨艱難決策的行為與心態，提出「整合思維」
（integrative thinking）是突破的關鍵。具有整合思維的領導
者總是保持開放心態，願意將更多因素納入決策的考量重
點，勇於探究各項因素之間複雜的因果關係，擬定決策架構
時能同時掌握問題的全貌與細節。最重要的是，整合思維者
不會輕易妥協、落入二擇一的取捨困境，而是從每個選項中
找出最具優勢的創新解決方案。

分析玉山的發展歷程，在綜合績效能夠有快速的成長及
不錯的表現，高度呼應羅傑‧馬丁教授所強調的整合思維，
在關鍵的時刻，努力創造更好的決策。舉玉山的重大決策為
例，2012 年，玉山第三個十年的開始，玉山內部討論凝聚出
兩個策略方向，一是持續深耕銀行業務，提升專業服務及業
務規模；另一是擴展金融版圖，投資或併購證券及保險業
務。經過多次激盪，我們認為應該還有更好的選擇，決心找
到更好的方案。

因此，透過重新思考玉山長遠發展的關鍵要素，並深入

研究亞洲崛起、科技發展及顧客需求改變的大趨勢，我們體認到想要在未來的競爭中脫穎而出，資源應該從以業務為主調整成以顧客為核心的配置，擬定出「深耕台灣、布局亞洲、成為金融創新的領航者」三大策略主軸。在台灣業務持續成長的同時，建構完整的亞洲金融平台，提供顧客優質的跨境金融服務，並且運用科技的力量，取得數位金融領先的地位。不侷限於過去成功的經驗，打造跨產業、跨國界、跨虛實的創新經營模式，不僅組織能力獲得提升，人才也得到多元發展的機會。

此外，馬丁教授認為，現代商業對簡化及專業化的偏好，並無法真正解決問題。因為專業化讓人忽視整體，簡化帶來假性輕鬆，不要採取簡化及專業化，以問題原本的複雜度來思考解決方案時，就有可能出現突破，如同彼得·杜拉克強調：「沒有財務決策、稅務決策或行銷決策，所有的決策都是經營決策。」我們認為透過團隊擴展思維的深度與廣度，是建構整合思維的最佳方式。因此，玉山非常重視團隊合作的文化，舉行重要決策會議時，一定會邀請不同部門、不同專業、不同世代的玉山人共同參與，多元開放傾聽各種

意見，凝聚團隊的共識。

面對快速、複雜、多變、不安的環境，不論是個人、企業、社會或國家，決策的兩難將成為新常態，建立「觀點、工具、經驗」相互引導與回饋的正向循環，在對立中找到更多機會，在複雜中勇於挑戰現狀，包容矛盾的想法，不陷入 to be, or not to be 的兩難問題，才能以整合思維創造更美好的未來。

— 推薦序 —

翻轉思維前，先學會如何思考

成大藝術中心藝術長／馬敏元

近年來，無論從企業談創新到組織談改造、教育談變革時，都特別重視改變思考模式。一般來說，大家都認同「思考」很重要，也常直覺地聯想到「批判性思考（critical thinking）」，或是最近相當流行的「設計思考（design thinking）」等等。然而，什麼是「思考」？如何讓人擁有好的思維與思考模式？它如何學？或是如何教？

在此，我想先提一下「思考」二字。依漢字造字原意來解釋的話，「思」這個字，心上有田。然而「思」字上面的田不是田，根據篆文，「思」字上半部的「田」原為「囟」，即頭蓋骨，指頭腦；下半部「心」是心靈感受，合起來意指

用腦與用心的交互作用。而「考」的話，則是將象徵時間累積知識的「老」字加上一勾，成了「考」表示知識延續與延伸，演繹知識之意。「思考」綜合起來，即是意指：「理性用腦與感性用心」的交互作用下的「思」，將既有知識演繹「考」出另一知識成果的活動。

本書作者羅傑・馬丁教授，花了超過三十年的時間研究，歸納出成功領導者們的共通模式，提出整合思維的概念。書中八個章節中，有「思」亦有「考」，提供讀者自我訓練與學習「思考」的能力。本書前半部透過真實案例的說明，讓讀者理解對立現實下，如何面對兩難困境，跳脫二選一的限制，從看見「對立想法」，到「與複雜共舞」的面對問題現況之「思」的能力。以及在後半部的章節中，逐步提供讀者建構個人知識系統，從生成性推理（generative reasoning）及因果模型（causal modeling），到引導出「觀點、工具、經驗」知識系統，提供了我們「考」的工具與學習模型。

本書之文章案例生動易懂，見解卓越，讓讀者理解到整

合思維者靠著容納對立想法的特質，進而創造出耀眼的成績，是具影響力的暢銷書。時常面臨兩難與對立困境的你我，本書提供了不妥協於二選一的對立選項，尋求新可能的心法，非常值得一讀與珍藏。

獻給整合思維的領航者——

馬賽爾 · 德索托（Marcel Desautels）

目 錄
CONTENTS

— 中文新版作者序 —

在超競爭世界創造優勢的路徑

　　最近，樂高集團總裁納斯托普（Jorgen Vig Knudstorp）
接受 CNN 美國有線電視新聞網記者奎斯（Richard Quest）
訪談中被問到，哪一本商業書影響他最深？納斯托普的回答
是《決策的兩難》這本書。我很開心。我從 1991 年開始研
究高成就領導者如何思考，從那時候開始，整合思維就是我
自己非常有興趣的議題，反覆鑽研。到近三十年後，書中的
洞見仍能啟發世界上有影響力的企業領導者。

　　三十年前一開始時，我是想找出成功領導者的「行動」
背後有什麼共通的模式，但是很快就發現行不通，因為這些
成功領導者的行為背後，實際上並沒有單一模式可循。當我
繼續深入研究，意外發現這些成功領導者的「思考」背後有

一致的模式，他們能夠同時思考、衡量兩個互相對立的觀點，不會陷入不是 A 就 B、只能二選一的困境，反而是能創造出全新方法、兼具兩個選項的優勢。這個思考過程，就是我所謂的「整合思維」。

自從十二年前出版《決策的兩難》之後，有三件事讓我更堅信整合思維的價值。

第一，《決策的兩難》提出的思維模式，在今天的經濟中愈來愈重要。過去十年來，大多數國家、大部分產業面對的競爭都愈來愈激烈。企業如果選擇大家都熟悉的策略，生存的壓力就愈大，因為競爭對手複製跟進的速度愈來愈快，產業就開始商品化。因此，提出整合對立選項的創新解決方案的能力變得更加重要。例如，某企業可能面臨必須在投資創新或是投資提升顧客服務兩者間做出取捨，但是，除非企業能找出既兼顧創新、又能提升顧客服務的新方法，否則就很可能不敵競爭而消失。

當然，中國 2001 年加入世界貿易組織（World Trade Organization, WTO），已經成為國際舞台上的競爭強權。中

國的崛起造成競爭加速、加劇，中國以外的企業必須加速找
到競爭優勢。但即使是中國企業本身也需要運用整合思維，
隨著中國企業在全球各產業的角色愈來愈重要，也需要創造
新的策略才能找到傳統製造成本以外的競爭優勢。

同時，我也對台灣的企業競爭力感到印象深刻。我在
2000 年初期曾擔任一家大型北美電子專業製造服務（EMS）
公司的董事，競爭對手是當時規模小很多的台灣 ODM 公
司。那家北美公司的經營團隊原先並沒有把台灣競爭者放在
眼裡，認為台灣小公司不可能同時既做設計、生產製造又符
合成本。但是，那家台灣企業克服了這個乍看之下只能二選
一的兩難，那家北美公司也因此敬畏台灣企業的創新能力。
無論是製造或其他領域的台灣企業，如今都面臨更嚴峻的全
球競爭，必須不斷運用整合思維，才能夠持續以小搏大制
勝。

第二個發現，整合思維愈早開始愈好。我在研究之初假
設企業領導者或是 MBA 學生等經驗較豐富的成人，才需要
整合思維，其實是個錯誤。我與同事後來發現，連五歲的兒

童都可以學會整合思維所需的認知工具與技巧，而且對孩子們的發展也很有幫助。這真是令人驚喜與振奮的發現！這讓我了解到，到 MBA 才教整合思維太慢了。如果學生進入研究所之後才接觸整合思維，他們從小學、中學、到大學養成的思維模式會讓他們愈來愈偏離整合思維。所以，我和同事成立了非營利的 I-Think 計畫（I-Think Initiative），專門在中小學教育系統推廣整合思維。我非常高興能投入這個計畫，因為年輕世代就是我們的未來。

第三，整合思維可以自我練習。我收到許多讀者回饋，希望有在日常生活中練習整合思維的方法。在本書出版後的十年間，我和同事持續研究整合思維這個主題，我們發現面對兩難困境到找出創新解決方案有好幾個途徑。根據那些新的研究洞見，我和研究夥伴珍妮佛·萊爾（Jennifer Riel）合寫了延伸續作——《創造最佳決策》（*Creating Great Choices: A Leader's Guide to Integrative Thinking*）（中文書名為暫譯）。如果讀者在看完《決策的兩難》之後想進一步探索，我也很推薦這本新書。

在此同時，我由衷希望台灣的讀者會喜歡我的第一本暢銷著作——《決策的兩難》的中文新版。

羅傑‧馬丁
寫於佛羅里達州羅德岱堡（Fort Lauderdale）
2019 年 6 月 10 日

1

選擇，對立，創造力

用整合思維解決複雜難題

「一個人是否具備頂尖智能，
　就看他是否能同時持有兩種對立想法而仍正常行事。
　就像一個人能在看似絕望的情境下，
　決心突破困境、找出生路。」[1]

—— 費茲傑羅（F. Scott Fitzgerald）

　　1999 年 9 月，李秦（Michael Lee-Chin）面臨經商生涯中最嚴重的危機。他在利基投資顧問公司（AIC Limited）擔任執行長十多年間業績長紅，但如今公司面臨致命危機，能不能存活還在未定之天，而李秦決心力挽狂瀾。

買進、持有、賺錢

　　李秦經歷過苦日子。他的祖父和外公都是華裔，祖母和外婆都是牙買加人，他是家中九個孩子中的長子。在牙買加安東尼奧港（Port Antonio）老家，他們幾乎是化外之民，常常被鄰居孩子嘲笑。李秦告訴我，他覺得自己既不完全是中國人，也不完全是牙買加人，介於兩地之間，沒有歸屬。[2]

　　李秦的母親和繼父很自負，也很有生意頭腦，都在當地市場當店員；母親同時還兼了記帳員和雅芳小姐兩份差。後來，他們靠積蓄開了自己的店，但家裡的經濟狀況仍然不寬裕。當時他們完全想不到，有一天長子會登上《富比士》（Forbes）全球富豪排行榜。[3]

　　1970 年，李秦移居加拿大，就讀安大略省漢米爾頓（Hamilton）的麥克馬斯特大學（McMaster University）。畢業後，他做過幾份工作，包括道路工程師、酒吧保鏢，一邊尋找真正適合自己的職業。由於態度親切友善、機智風趣，一百九十三公分的身高又讓他特別引人注目，李秦天生就適合業務工作。

此外，李秦還熱愛投資，他在 1983 年借了四十萬美元投資股市；到了 1987 年，他已經賺到足夠的錢，買下小型財富管理公司 AIC，當時公司管理的投資人資產只有六十萬美元。[4]

李秦很崇拜巴菲特，他在 AIC 採取了共同基金業者幾乎從未執行過的策略。典型的共同基金經理人會同時持有一百到兩百種不同的股票，大約每十八個月就汰換整個投資組合。但李秦模仿巴菲特長期持有少數公司股票的做法，讓 AIC 優勢基金僅固定持有十到二十種股票，而且大部分都是長期持有。

李秦「買進、持有、賺錢」的理念極為有效，到了 1999 年，公司管理的資產價值已較 1987 年時成長一萬倍，攀升至六十億美元。

然而，1999 年時，情勢改變。投資人的交易偏好轉向網路服務業者、dot-com 和新興公司股票，當日沖銷交易突然變成盛行的趨勢；而李秦買進持有的理念，以及涵蓋金融、製造及零售業股票的投資組合看來古板得無可救藥。許多投

資人對 AIC 失去信心，AIC 優勢基金遭逢成立以來首次的贖回潮，流出基金的金額比流入的還高。

危險與機會

對 AIC 和李秦來說，情勢最險峻的是 1999 年 9 月 2 日。那天，李秦打開報紙時發現，加拿大最具影響力的商業類專欄作家將 AIC 的基本營運模式視為廢物，他呼籲投資人趁 AIC 優勢基金還值錢之際趕快出場。

這篇文章預測，AIC 為籌足現金應付這波贖回潮，勢必出脫不少持股。這位專欄作家猜測，被迫出售資產將使 AIC 基金持有的股票股價下跌，導致基金績效進一步惡化，爆發更激烈的贖回潮。而新贖回將迫使 AIC 出售更多股票，導致這種惡性循環加速，直到 AIC 關門大吉為止。[5]

李秦至今仍清楚記得那天早上。「我覺得情況糟透了！」他向我承認。儘管憂心忡忡，李秦卻意識到，眼前吞噬 AIC 的危機仍潛藏著機會。他說，中文的「危機」其實包含兩個字：危險與機會。

　　李泰必須做出決定，而且要快。他會賣掉持股，以因應
這股贖回潮，承認自己引以為傲的「買進、持有、賺錢」策
略有重大瑕疵，並將持股多樣化，增加眼前當紅的科技類股
票嗎？此舉或許可以拯救公司，但付出的代價是：放棄他身
為投資人一直秉持的信念與原則。或者，堅守原則，讓公司
淪入死亡循環，徹底摧毀一手創立的事業？

　　他鎮定下來，努力思索，沒想太久就做出選擇。他的選
擇並不是上述兩種選項之一；或者我們可以說，他兩者皆
選。他告訴我：「市場預期我們必須賣出股票，如果我們不
賣，會怎麼樣？如果我們轉頭、加碼買進，又會如何？我們
會徹底推翻市場上那些假設，跌破所有人的眼鏡。」

　　李泰別無選擇，只能出售優勢基金的部分持股，應付投
資人的贖回，但接著他採取了令人吃驚的下一步。市場預期
AIC 在應付完贖回潮後，會以剩餘的資金買進科技類股票；
李泰卻出人意料宣布：「我們找到一支股票——萬信理財公司
（Mackenzie Financial Corporation），我們決定投入一切，只
買這支股票。」他把 AIC 保險箱裡和從銀行募集到的每一塊

錢，都拿去買萬信的股票，AIC 優勢基金於是持有大量萬信股票。

李秦和幕僚對這家公司非常熟悉，他回憶道：「我們竭盡所能買進萬信，萬信的股價隔天就從一股十五美元漲到十八美元，接下來的事就眾所皆知了。萬信的股價在 2001 年 4 月高達一股三十美元，我們的持股因此獲利可觀，總共賺進四億美元。」

李秦讓人出乎意料的舉動不只救了 AIC，讓 AIC 成為加拿大規模最大的私募共同基金公司，也讓自己成了億萬富翁。他的財富讓他買下牙買加最大的銀行「牙買加商業銀行」（National Commercial Bank Jamaica），並且有能力在牙買加、加拿大等地從事慈善事業。

整合思維

AIC 現金危機及李秦的反應，對其他企業在經營上的兩難，參考價值或許有限。但李秦的大膽反擊，並不只是毫無準備的豪賭，我認為李秦遵循的思考過程，在今天的企業界

某些最創新、最成功的人身上也看得到——無論這些人身處哪個領域、面臨什麼樣的問題。

過去十五年，我擔任管理顧問、管理學院院長，不斷研究立下成功典範的領導者，嘗試辨別出他們致勝的共同特質。過去六年間，我訪問了超過五十位這類型的領導者，有些訪談長達八小時。我發現他們都擁有非常清晰的共同特質。這些領導者除了具備創新及經營的天分，還有一項共同特性：他們具有同時掌握兩個對立想法的傾向與能力。而且能不慌亂，也不妥協於任何一個選項，而是創造出遠比兩個對立選項更優越的綜合決策。我稱這種過程為整合思維（integrative thinking），或者更精確地說，這不是過程，而是一套考量及整合的練習，是傑出企業家的特徵。

在聆聽許多頂尖企業家談論如何在職涯中最迫切、也最複雜的兩難困境中找出突圍的策略之後，我試圖找出一種能精確洞悉這種歷程的譬喻。這些企業家有能力在衝突中掌握兩組對立概念，讓我想到雜耍高手使用雙手表演的方式。

眾所皆知，人體與絕大部分動物最大的差別，在於人類

的大拇指可與其他四指相對，因此擁有其他物種做不到的非凡技能，例如書寫、穿針引線、雕琢鑽石、畫畫，以及用導管疏通動脈等。如果不是有大拇指和其他手指之間的關鍵張力，上述動作全都不可能完成。

演化為人類提供了極為寶貴的潛在優勢，但如果我們不以更複雜精密的方式善加利用，將大大浪費這項潛力。當我們學習書寫、縫紉、繪畫或打高爾夫球時，就是在利用那兩隻可與其他指頭相對的大拇指，訓練拇指牽動的關鍵肌肉及腦中控制肌肉的部位。如果不去探究大拇指可與其他四指相對的可能性，將無法發展出大拇指的物理特性，也無法得知與這項特性有關的知識。

同樣地，我們生來就有容納對立觀點的特質，面臨考驗時，可掌握相互衝突的概念，想出更好的辦法。如果腦子一次只能持有一種想法，就無法看見容納對立想法的特質所能創造的洞見。就像我們可以鍛練兩隻大拇指，完成過去看似不可能的任務。我深信，只要耐心練習，每個人都能學會善用容納對立觀點的特質，為看似棘手的難題找到答案。在日

常生活裡，我們經常面對一些問題，只有兩個同樣令人不滿的選項，如果能運用容納對立想法的特質，超越眼前的既有選項，就可以找到超乎想像的解決辦法。

一個腦袋，二種想法

我絕不是第一個注意到人類具有這項非凡能力的人。六十年前，美國作家費茲傑羅就視「同時持有對立想法而仍正常行事」的能力，為「一流智能」的特質。「一流智能」這個詞很有玄機，就費茲傑羅來看，只有天生具備一流智能的人，才懂得善用容納對立想法的特質，創造新典範。

我認為，費茲傑羅把容納對立想法的特質視為天才所獨有，有點過於武斷。的確，本書中的模範人物都擁有一流智能、不因恐懼焦慮而受挫，有辦法把兩個相對概念付諸實行。但我的看法更接近另一位同樣研究容納對立想法的學者：錢柏林（Thomas C. Chamberlin）。

錢柏林曾在 1887 年到 1892 年擔任美國威斯康辛大學校長；他是自然學家，於 1890 年提出「多重工作假說」

（multiple working hypotheses），藉此改善當時最普遍的科學方法「工作假說」（working hypothesis）。所謂工作假說，指的是科學家根據現有事實，透過嘗試、錯誤和實驗，驗證單一概念是否具解釋效力。在當時全世界最具聲望的專家審查期刊《科學》（Science）上，錢柏林曾發表文章寫道：

> 在驗證一項假說時，我們的腦子會導向單獨的解釋概念。但一個恰當的解釋通常涉及多種作用的協調，各自按不同比例組成一個綜合結果。因此，真正的解釋必須是複雜的，這種對現象的複雜解釋特別適用於『多重假設』的方法，這也是這種方法的主要優點之一。[6]

經過與超過五十位傑出管理領導者的訪談後，我深深贊同錢柏林和費茲傑羅的看法：決策者如果能善用兩個相對概念，架構出嶄新的解決辦法，遠比一次只能考慮一種模式的人占優勢。

在任何時間、任何領域，尤其是當前漸趨複雜的世界，運用容納對立想法的特質能夠增加優勢。在資訊爆炸時代，

每筆資料都使原本已經高度複雜的局面更加複雜。如果想找出辦法超越種種約束，勢必要採行整合思維。無疑地，現在就是商業界應該採用新方法來解決問題的時刻。

跳脫二選一的限制

商業世界常把各種決定視為一連串「非此即彼」的主張或權宜之計。如果不是穩定成長，就是在新的設計、生產及銷售方法上一馬當先。如果不是持續降低成本，就是在店面和服務上增加投資。如果不是服務股東，就是服務顧客。

但如果有一種二全其美的創新解決方案，既能滿足顧客、又能滿足股東，且不用犧牲任何一方的需求及利益，那會如何？如果可以找出一個周全完善的辦法，既符合業績成長需求，又能繼續為環境負責，怎麼樣？既保有大型組織的穩定，又能追求創新，不錯吧？

整合思維提出一套模式，能夠超越「非此即彼」的二元限制。這套辦法可以在不取消某種解決方案優點的情況下，納入另一種方案的優點。套一句詩人史帝文斯（Wallace

Stevens）的話，整合思維的優勢在於「不是二選一，而是兩者兼得。」[7]

整合思維並不限於解決商業經營問題。在第四章，我將介紹瑪莎·葛蘭姆（Martha Graham）如何運用整合思維拯救舞蹈藝術，避免舞蹈落入古典主義的窠臼，將舞蹈帶向二十世紀藝術革命的核心。整合思維在政治上也開創不少新局。二次世界大戰結束後，美國外交家喬治·肯楠（George F. Kennan）運用容納對立想法的特質，為看似不可能解決的蘇聯問題找到一線曙光。

當時，美國面對史達林的擴張野心，看來只有全面戰爭和承認蘇聯帝國二個選項。但在核子時代，全面戰爭的後果不堪設想。肯楠否決了上述兩個令人難以接受的選項，設計出圍堵政策。圍堵政策混合了文化、外交、經濟壓力、軍事威嚇及代理部隊，與史達林的擴張主義對抗，帶領美國和西方國家超越戰爭及投降這兩個極端選項，並為後來蘇聯的解體做出巨大貢獻。圍堵政策拒絕靜止的二元狀態，採行複雜的動態系統，具備整合思維的所有特徵。

　　葛蘭姆及肯楠的例子說明，整合思維可就深遠、複雜以及相互衝突對立的問題，如恐怖主義、全球暖化及嚴重的生態失衡等，找出大家未曾想過的解答。本書的主旨雖不在處理這些問題，但藉由描述商業界傑出人士如何運用整合思維，為看似無解的衝突找到創新且獲利的解決方案，或可為今日及未來諸多迫切的兩難困境，指出全新的決策方向。

體驗回到家的舒適

　　整合思維讓伊薩多・夏普（Isadore Sharp）打造出世界上規模最大、最成功的連鎖高級旅館：四季飯店（Four Seasons Hotels and Resorts Ltd.）。在顧客心目中，「四季」就是豪華旅館的極致。

　　夏普創業的起點，是在多倫多市中心外的小型汽車旅館，完全無法和現在任何一家四季飯店相提並論。夏普接下來經營市中心的大型傳統旅館，也和後來四季飯店的成功典範天差地遠。夏普的這兩段經歷，代表了當時旅館業的兩種主流模式——溫馨的小型旅館以及設備完善的大型旅館。

後來，夏普愈來愈無法接受兩種模式背後的經營主張。他喜歡小型汽車旅館的親密舒適，但是一百二十五間房間無法創造足夠收入，也無法提供健身設備、會議室、餐廳及其他商務旅客重視的設施。同樣地，他樂見自己經營的大型傳統旅館提供了顧客想要的每項設施，但一千六百間房間的規模無法提供個人特色、讓這裡成為宜人的歇息處。

顯然，兩種旅館在本質上有著無法調合的衝突。顧客可以選擇要享有小型汽車旅館的親密舒適，或是大型旅館的便利地點和設施，但沒有旅館可以同時提供兩類優點。因此，旅館業者都選擇其中一種類型經營，並接受伴隨而來的缺點。夏普不一樣，他運用容納對立想法的特質，創造出全新的模式——既有小型旅館的親密舒適，又能提供傳統大型旅館的各項設施。

寶僑的訂價策略

2000 年 6 月，雷富禮（A. G. Lafley）接任寶僑（P&G）執行長。當時這家日用品製造商正處於生死存亡之際：成長

減緩、近乎停滯，連續兩季的獲利警訊已讓前任執行長下台；旗下前十大品牌中，有七個正苦於市占率下降；公司的研發支出愈來愈多，推出的創新產品卻愈來愈少。寶僑已經與消費者有了隔閡，盈餘、執行力與士氣紛紛跌到谷底。

各界紛紛向雷富禮提出建言。大多數人認定寶僑的成本失控。這派人士指出，寶僑的主要競爭威脅來自賣場自有品牌和其他廉價品牌，主張降價為合理的競爭反應；為了讓低價得以持續，必須大幅減縮成本。雷富禮並不反對這個看法。

另一派人認為，寶僑唯一的成功途徑是靠產品創新，與其他削價競爭者做出市場區隔，而且要提高產品定價，重建獲利能力。雷富禮也理解這個論點背後的道理。對他來說，最輕鬆的辦法是告訴員工、零售業者及顧客：寶僑必須二選一，不是降低成本、積極降價，就是增加創新資本、提升品牌差異以及採行高價位路線。

雷富禮就跟李秦一樣，兩者都不選，卻也兩者皆選。他判定寶僑需要削減成本，在價格上更具競爭力。但也認為，

寶僑必須強調創新，讓品牌明顯優於競爭者。在接下來幾年中，雷富禮砍掉許多管理層級、縮小部門規模、把部分業務外包給成本效益更佳的外部廠商，提拔年輕經理人、強調提升能力的重要，並且不斷強調增加收入及刪減成本的觀念。

同時，他不厭其煩地溝通，說明自己對取悅顧客、為顧客提供超值服務的熱忱。這是從寶僑創立以來，產品設計首次成為重點。雷富禮推動的創新策略不僅著重強化品牌，同時提高產品售價。不久後，寶僑一面推出與賣場自有品牌和折扣品價格不相上下的肥皂、洗衣粉、衛浴用品等產品；另一方面又推出歐蕾緊緻護膚霜這類高級產品，每罐三盎司的售價高達二十五美元。

把兩套迥異的想法整合成一套策略，背後的思考過程為何？雷富禮告訴我：「我不是那種『非黑即白』的人。」以「A 和 B」而不是「A 或 B」的方式思考，就會出現極為驚人的結果。在雷富禮的領導下，寶僑營收持續增加、利潤呈兩位數成長，股價在四年內翻倍。雷富禮也藉此讓自己名列當時的頂尖執行長。[8]

免費軟體獲利模式

1995 年，紅帽公司（Red Hat Inc.）公布的營業額僅有一千四百萬美元，看起來一點也不像即將成為軟體 Linux 全世界最大的供應商。現在，紅帽的年營收已達四億美元，公司創辦人之一的羅伯・楊（Bob Young）已經是億萬富翁。

當年，像羅伯・楊這樣的軟體創業家在經營模式的選擇似乎很有限，只有兩種主流模式。像微軟（Microsoft）及甲骨文（Oracle）這類公司，代表傳統的所有權軟體模式，這類公司在研發上大筆投資，積極捍衛智慧財產權，並且向使用者收取高額費用。這種模式可以創造高獲利，因為顧客無法免費取得改變軟體或讓軟體升級時必備的程式碼，必須固定購買升級版本。

另一種模式是所謂的免費軟體模式（其實這是誤稱，此模式下的軟體價格低廉，但並非免費）。免費軟體供應商銷售套裝的唯讀記憶光碟，其中包括了軟體和程式碼。這類免費軟體價格不高，在 Linux 問世早期，一套 Slackware 只需十五美元。當時，一套微軟作業系統軟體要價兩百美元，而

且每次發行新版本，供應商就賺一次錢。免費軟體銷售量大、利潤微薄且營收不確定，其中部分原因在於 Linux 是由一小群極具特色的玩家所創立，這讓注重標準化及穩定性的企業客戶退避三舍。

羅伯‧楊對這兩種模式都不滿意。他不喜歡高獲利的智慧財產權模式，因為他堅定支持開放軟體運動及 Linux。Linux 及開放軟體是基於程式碼應開放給每位使用者的概念，如此一來，使用者對軟體有某種程度的掌控，是擁有智慧財產權的作業系統業者不願意提供的。

但既有的免費軟體經營模式對紅帽的成長、市場滲透及獲利能力，皆設下重重限制。如果紅帽遵循既定模式，充其量只是眾多銷售 Linux 作業系統的公司之一，而且絕非最大家，這也會讓紅帽陷入與各式軟體開發商的競爭。

面對兩個都不太吸引人的既有選項，羅伯‧楊決定合併兩者：身為開放程式碼運動的忠實支持者，他決定紅帽將繼續提供免費軟體，但也要像智慧財產權軟體巨擘，藉由與顧客建立持續的服務關係而獲利。

　　羅伯・楊重新改造紅帽的軟體，讓顧客可透過網路免費
下載。當他提議這麼做時，引起同仁一陣恐慌，但此舉讓他
勝過其他銷售軟體的對手，成為唯一規模大到足以獲得大企
業信賴的供應者。大企業的支持造就了紅帽的優勢地位，並
且確保公司穩定獲利。[9]

執行與思考？

　　接下來我會分析整合思維的過程，並把這項過程拆解成
細部元素。同時討論當一個人執行整合思維、充分善用容納
對立想法的潛力時，必須發展出哪些能力和技巧。但在開始
探究之前，先提供整合思維的實用定義，或許有所助益：
「整合思維是面對兩種對立概念的能力，它不會在兩種概念
之間二擇一，而是以新概念，在兩個對立概念之間提供創意
解決方案。方案不僅包含原選項的元素，而且比原始的兩個
選項更優越。」

　　這種思考，就是我在許多受訪企業家身上發現的最大共
通點。但除了善用容納對立想法的特質，這些受訪者其實非

常不同，有老有少，有人謹慎、有人直率，有人充滿衝勁、有人不急不徐，有人暢所欲言、有人語多保留。

企業家的特質有這麼多差異，我認為宣稱自己找到了成功的領導特質，實在言過其實。成功的經營策略得歸因於許多能力，才智、熱情、良好的健康，以及在對的時間得到突破性的成長。但我確信企業家除了能依照上述條件做出判斷與行動，整合思維的確能增加成功機率。

我對思考的強調，其實未必與商業學者及實務人士看法一致。近年來，想成為企業領導者的人最常談論的問題是：「我該做些什麼？」而不是「我該怎麼想？」在這樣的思考脈絡下，網路泡沫多半是因為太過浮誇的策略，也使得業界的討論開始遠離「思考」，轉向「執行」靠攏。

對於「執行」的偏好，可從近年來三本最具影響力的企業領導書中看到：漢威聯合公司（Honeywell）前執行長賴利‧包熙迪（Larry Bossidy）和知名企業顧問瑞姆‧夏藍（Ram Charan）合著的《執行力》（*Execution*）、教授出身的管理大師吉姆‧柯林斯（Jim Collins）的《從 A 到 +A》

（*Good to Great*），以及奇異前總裁傑克‧威爾許（Jack
Welch）的《Jack：20 世紀最佳經理人，第一次發言》（*Jack:
Straight from the Gut*）。[10]

在《執行力》中，包熙迪和夏藍主張，「執行力是商業
界最少被討論的議題」，他們對偏好思考策略的經理人並不
認同。兩位作者逐一列出經理人必須做到的事項。這張清單
相當長：「執行力的要點在於三個核心步驟：人事步驟、策略
步驟及作業步驟⋯⋯。這些步驟皆與執行力密切相關。」[11]
書中鉅細靡遺地列出經理人在三個核心步驟中應該執行的事
項，並以系統整合大廠 EDS 前執行長迪克‧布朗（Dick
Brown）和朗訊科技（Lucent Technologies）前執行長亨
利‧夏克特（Henry Schacht），以及一些知名執行長無懈可
擊的執行力故事為例。

在《從 A 到 A+》中，柯林斯試圖說明企業如何從只是
「還不錯」躍升為真正長期的「卓越」。他在書中提出現在
很流行的概念：「第五級領導力」（Level 5 Leadership），也
就是長期表現卓越的企業展現出的領導力。柯林斯主張，第

五級領導力結合了堅強意志和謙遜個性，這類領導者不會獨占功勞，而是把功勞給身邊的人。他們能在組織中找到合適的人，交付合適的工作，並訂下積極目標。這本書提出詳盡的公式，告訴大家如何成為第五級領導者。

威爾許的書則帶領讀者回顧他的職涯，把重點放在他如何當上奇異執行長，以及他在任內的作為。

上述三本書都強調行動，而非策略，並提出創造有效行動的心態。對包熙迪和夏藍而言，領導者必須排除其他事項，專注於執行及後續追蹤。柯林斯認為，理想的領導力結合了堅強意志及謙遜個性。威爾許主張的領導者心態，則是全神貫注於不斷設定與達到高標，不接受獲勝以外的其他結果。

我絕不質疑「執行」的重要：只有思考而不行動，一點價值也沒有。然而，對於想成為領導者的人應該做到哪些事，即使是用上述四位作者的話來說，也很難有一套具說服力且實用的處方。

　　要完全遵照包熙迪和夏藍的邏輯並不容易。儘管他們不認同重視策略而非執行力的領導者，最後仍勉強承認策略是執行不可或缺的一環。由於無法在策略及執行之間做出有意義的區分，所謂的「執行」很快就變成一長串領導者必須做的事項：策略、行動、再加上人事管理。

　　《執行力》出版後不久，書中的執行力模範領導者迪克‧布朗和亨利‧夏克特都因績效不佳而下台，這套理論也因此受到考驗與質疑。

　　在《執行力》之後，柯林斯的建議直接且嚴謹。他提出了「第五級領導力」。但他也坦承，自己無法告訴讀者成為第五級領導者的確實步驟。他寫道：「為了你的發展，我很希望能提出成為第五級領導者的步驟，但我們並沒有足夠的研究資料。」[12]

　　威爾許特別有意思，他是我的受訪者之一，訪談後我認為他是整合思維者的模範，但我不建議讀者透過威爾許的行動來理解他的思考方式。威爾許在擔任奇異執行長早期，就堅持奇異旗下每個事業市占率都要是所屬產業中的第一名或

第二名。

但他後來注意到,各單位事業領導者在界定所屬產業市場時投機取巧,採取保證能讓奇異看起來市占率領先的方法。此後,他堅持各事業單位把自己的市占率定為不到10%;他認為,事業領導者如果想像整個市場遠比自己所占有的市場還大,就會更快找出市場機會。

就此而言,威爾許是整合思維的模範,面臨變化的環境時,擁有足夠的適應能力,並彈性調整做法。但如果想效法威爾許的行動,很容易產生混淆,因為威爾許在職涯不同階段,採取的是截然對立的路線。

我並不想批評上述書籍,這些書之所以成為暢銷書,理由在於企業人士想知道如何成為傑出領導者,這是他們的自我期許。這些書各自提出特殊觀點,而每種觀點都很有價值,但拿「我該做什麼」這個問題來處理企業經營問題,就是在還沒探究各選項之前就先排除了這些選項。

包熙迪及夏藍說,避談「執行」,不見得就能促進清晰

明確的「思考」，也可能讓「執行」的定義變得太廣泛且不實用，囊括無所不包的各式經營活動。柯林斯說，就算你很確定第五級領導者做了些什麼事，也沒有一個綜合藥方，明白列出做哪些事就能成為第五級領導者。威爾許則說，把焦點集中在領導行動上會導致限制重重，因為在某情境下很恰當的行動，可能在另一情境下完全不適合。

我不喜歡從觀察領導者的行動中學習，我喜歡追溯「執行」之前的「思考」。我的關鍵問題不是領導者做過什麼事，而是認知過程如何引導行動。迪克‧布朗和亨利‧夏克特的行動或許在包熙迪看來值得稱頌，代表良好的執行力；但他們的「思考」卻製造出不符合特定經營情境的行動，最後導致失敗，甚至失去工作。

與主角會面

這本書的重點就是解析優秀領導者如何思考，所以我選擇了在成功事蹟上較無爭議的領導者。我儘量涵蓋各種背景的領導者，包括商界明星威爾許、雷富禮、羅伯‧楊及 eBay

的梅格・惠特曼（Meg Whitman），以及幾位較不知名但非常成功的執行長，例如夏普、艾默生電氣（Emerson Electric）的查爾斯・奈特（Chuck Knight）、愛德華瓊斯證券經紀公司（Edward Jones）的約翰・巴克曼（John Bachmann），以及IDEO 的提姆・布朗（Tim Brown）。

此外，我也納入五位極成功的印度跨國企業執行長：印福思科技（Infosys Technologies）的奈里坎尼（Nandan Nilekani）、ICICI 銀行的卡曼斯（K. V. Kamath）、薩迪揚資訊服務公司（Satyam Computer Services）的拉于（Ramalinga Raju）、塔塔諮詢服務公司（Tata Consultancy Services）的柯里（F. C. Kohli）及拉馬德拉（S. Ramadorai），以及幾位全球重要非營利組織的執行長，包含普世健康研究中心（Institute for One World Health, IOWH）的維多莉亞・哈爾（Victoria Hale）及多倫多國際影展主席皮爾斯・韓德林（Piers Handling）。

這張清單上也有藝術界人士，包括設計師布魯斯莫（Bruce Mau）及電影導演伊格言（Atom Egoyan）。最後，

我還拜訪了學術界人士，包含諾貝爾經濟獎得主麥可‧史賓斯（Michael Spence）及二十世紀最偉大的管理大師彼得‧杜拉克（Peter Drucker）；這些商業學專家提升所屬研究領域的典範，就跟我訪談的執行長徹底改變所屬產業典範同樣影響深遠。

我的方法是針對每位領導者自認特別困難的決定，探究背後的思維模式。我認為在這類重要事件上可以明顯觀察出思考的模式。這項研究對受訪者和我都是非常困難的過程。一名受訪者告訴我，我的問題讓他很頭痛！於是我了解到，許多受訪者都是私底下默默抉擇。對多數人而言，這是首次有人徹底研究他們在制定重要決策背後的思維。這些優秀的思考者其實不常特別回想或對外說明自己的思考歷程。

我多半只訪問受訪者一次，大部分是在觀眾面前訪問，幾乎所有受訪者都允許我錄影。我對其中兩名受訪者做了詳盡的調查研究，錄影長約八小時。這麼做的目的是想了解他們的思考模式會不會在長時間調查研究後改變。訪問結束時，我對他們的思考型態有了更深入的了解，也證實他們的

思考模式並未因此而改變。

　　就我而言，這些訪談令人振奮，也令人不安。我原本就知道，受訪者來自各種背景，依循各式各樣的成功途徑。因此在著手研究時，我並不確定能找出他們思考上的共同型態。

　　但訪談愈多，我就愈覺得受訪者的心智處理器上普遍裝載著一套作業系統。他們會在獨特的情境下使用這套系統，產出獨特的結果，而且思考過程似乎來自共同的程式。他們的推理型態，或者認知訓練，就是我所謂的整合思維。這套思考方式有一個前後一致的目標、有一連串步驟，深入理解後，你也可以付諸實行。

　　很重要的是，並非所有成功的企業領導者都是整合思維高手。整合思維在這類人士身上很普遍，但並非人人皆擅長，部分受訪者的思考模式的確不屬於整合思維。我也承認，我不太明白其中幾位受訪者是如何思考的，或思考模式對他們的成功有何貢獻。就此我推斷，整合思維並非成功的必要條件，有些人的成功可能源於其他方法。但在我訪問的

領導者中，整合思維是最普遍的共同特性。

整合思維是可後天培養的能力

還有一個重要的問題：整合思維是少數人才具備的能力，還是可以有意識地刻意培養？如同本章開頭的引言，費茲傑羅認為整合思維是天生的，具有「一流智能」的人才具備這種特質。

相反地，錢柏林的發展觀點則顯示，整合思維是一種技能、一種修練，不是天才也能透過練習而做到。錢柏林認為，同時處理對立想法的特質人人皆有，端看是否懂得運用，一旦我們開始運用，自然就能發展出創造解決方案的能力：

> 使用這個方法，讓我們開始注意到某些特殊的心智習慣。這是一種教育要素，因此訓練的價值很重要。扎實地練習幾年，就會發展出一種平行思考或複雜思維。這種思考程序相對複雜，並非單純以線性順序接續下去，而且心智可以從不同觀點同步

刺激。我們變成可同時以演繹及歸納的方式來觀察
各種現象。[13]

整合思維無法被教導傳授嗎？或者它只是還沒有被傳
授？它是像費茲傑羅所說，完全是天生的，還是像錢柏林所
說的，可經由專心致志練習而成？

我自己在課堂中的經驗顯示（雖然稱不上證明），人們
可以被引導使用容納對立想法的特質，經過練習後，學生信
心會增加，技巧也會愈來愈純熟。但很明顯的是，沒有人在
教如何整合思維。我們的世界並沒有像培養腦外科醫生和電
腦工程師一樣地栽培擅長整合思維的人。整合思維目前為止
都只存在於懂得運用的人的腦袋裡。那些人其實並不知道自
己的思考方式跟別人不同。他們無意識地在運用整合思維。
但從局外人的觀點，就可以觀察、描述、分析這些人的思考
歷程。經由有意識的、系統化的研究，就可以逐漸描繪出整
合思維的教學方法。

在接下來的章節，我會介紹整合思維的四步驟歷程：「考
量重點」（salience）、「因果關係」（causality）、「決策架構」

（architecture），以及「解決方案」（resolution）。在第三章
我們會談到，整合思維者都具備一種能力，能區分現實狀況
以及在我們心智中產生的對應模型，了解兩者之間的差別，
才有辦法找到創新的解決方案。接著在第四章，我們會分析
為什麼簡化與專業化這兩種趨勢會阻礙我們發展整合思維，
並且提出具體方法，幫助我們對抗簡化與專業化帶來的限
制。從第五章開始，我們會仔細說明如何有系統地培養整合
思維的能力。第六章到第八章則分別詳述知識系統的三大元
素──「觀點」（stance）、「工具」（tools），以及「經驗」
（experiences），以及我們可以如何建立自己的知識系統、鍛
鍊整合思維的能力。

2

拒絕退而求其次

跳脫二選一的取捨困境

「如果那是『二選一』的決定，我們不會贏。
　你獲得了這個、失去了那個，
　權衡折衷，你仍無法在所屬產業中出類拔萃。」[1]

——寶僑前執行長雷富禮

　　整合思維者究竟是如何思考的？他們如何考量眼前的選項，把結果導向新的可能，而不只是妥協於都不合適的選項？要回答這個問題，讓我們先看看一般人下決策時的認知步驟。每次做決定時，無論是否有用上整合思維，我們都會經歷幾個認知步驟，只是很少意識到這些過程。也就是說，

整合思維者與眾不同之處，並不是這些步驟本身，而是下決定的人如何進行這些步驟。但在了解整合思維者會以什麼樣的方式進行這些步驟之前，我們必須先了解決策的認知歷程有哪些步驟。

決策的認知歷程

　　想像你正在計劃今年的假期，跟另一半經過幾番討論後，終於從眾多旅遊路線中篩選三個認真考慮的選項：騎自行車遊托斯卡尼、探訪柬埔寨的古老佛寺，以及到夏威夷賞鯨。當你和另一半試圖在這三個看來都很不錯的選項中做選擇時，你們互問對方以下的問題：

- 每個地點的旅費是多少？
- 有哪些住宿選擇？
- 每個地點分別有哪些遊覽行程？找得到經驗豐富的導遊嗎？
- 哪個景點最具異國風情，最可能帶給我們與眾不同的體驗？

- 我們能在旅程中學到新事物嗎？
- 每個地點的安全性？
- 比起在景點停留的時間，交通上要花多少時間？

以上問題全都是你認為「重要的考量點」，其他思考角度在決策過程中就不那麼重要。例如計劃行程時，你也許沒有考慮到可能會碰到哪類型的人。你並不是故意把這個事項排除在決策過程之外，只不過在擬訂度假計劃時，這個項目不在考量範圍內。然而，當發現同坐遊覽車的人，是一群愛喝酒的電腦硬體業務員以及他們喋喋不休的妻子時，你可能會感到後悔。每個人都有自己特殊的考量——我認為重要的事項可能與你認為的大不相同，你我都有盲點，很可能在考量清單上遺漏了重要事項。「真希望早點想到那件事」這句話，只是「真希望做決定時，我就覺得那件事很重要」的另一種說法。

選定了重要事項後，無論多麼不完整，我們會接著考量那些事項彼此間的關聯：我們把種種關係形成的型態稱為「因果關係」。長途旅行會比短程旅行花費更多嗎？也就是

說，旅行時間的長短與成本是否有因果關係。這個目的地會因為較具異國風情而比較不安全嗎？導遊會讓我增廣見聞，還是讓我後悔參加這次行程？實際上，關於各種特性彼此如何影響、因果關係如何，我們會在腦中建立一張小小的地圖，這張地圖描繪出特定情境下各種考量重點之間的因果關係。

我們在心裡描繪出因果關係圖之後，就會進入旅遊行程的「決策架構」。如果是很簡單的決定，決策結構就會很精簡，因為決定本身是二元的：「今天晚上我該去看剛上映的電影，還是待在家裡看電視？」但旅遊計畫包含了許多可變動的選項，例如交通、住宿、活動行程等。我們可能會想：「我要先想清楚在每個目的地可能有哪些行程，再來操心旅館和機票。」或者，我們可能會想：「我要先盤算一下交通及吃住等問題，再考慮到了目的地可以做什麼。」兩種思維順序都是合理的，你也可以把規劃工作拆成幾部分；你在查班機時間及住宿選項時，你的另一半可以負責尋找景點。

一個決定可能透過好幾種不同的路徑完成，沒有絕對正

確或錯誤。但是，當你和另一半在計畫行程時，可能會不想把心思放在整個問題上。思考度假這整件事可能會讓你頭很痛，所以你會傾向先專心思考行程中的小環節。但這可能導致你選了費用最便宜，但回程時間最早的班機，而少了半天的觀光時間。如果選擇稍晚但只貴一點的班機，或許就能多出幾個小時逛葡萄園、參訪另一間寺廟，或參觀捕鯨博物館，但因為你只專注於整個問題中的一部分——價格，所以忽略了對整體決策的影響。

最後，你得到了「解決方案」。騎自行車逛托斯卡尼、探訪柬埔寨古老佛寺，或是到夏威夷賞鯨，你做出了選擇。或者，你對三個選項都不盡滿意——班機時間不好、住宿水準不好、旅行團都額滿，於是你決定重頭開始，整個決策過程再來一次。圖 2-1 顯示了我們的思考歷程。請注意，你在過程中都可以放棄選項，往回從頭開始，這就是為什麼會有反向的虛線箭頭。

無論做什麼決定，我們都會透過以下方式做出抉擇：列出**考量重點**、在心中描繪出各重點之間的**因果關係**、把因果

圖 2-1

決策的思考歷程

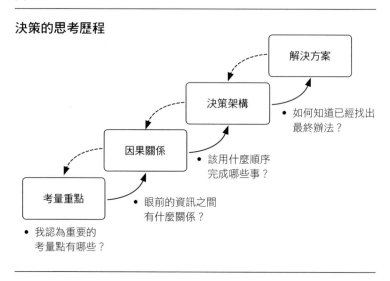

關係排入會產生特定結果的**決策架構**中，最後得出問題的**解決方案**。當考量重點、因果關係及決策架構都不同時，就會得出不同的結果。

現在，我們已經把整個決策過程拆成四個步驟，再回到本章一開始提出的問題：整合思維者是如何思考的？要回答

這個問題，讓我們觀察一位整合思維者在制定經營決策時的過程。

打造與眾不同的四季飯店

伊薩多‧夏普來自波蘭裔家庭，家中還有三個手足，父母在 1931 年移民多倫多，當時夏普還未出生。[2] 他的父親原本是粉刷工，後來變成承包商。夏普的朋友都暱稱他叫伊西（Issy），他是校園裡的明星運動員，有「技巧高超的伊西」（Razzle-Dazzle Issy）的稱號。夏普從高中就開始幫忙父親的工作。

大學畢業後，夏普到父親的建築公司工作。有一次受客戶委託建造汽車旅館，讓夏普興起自己經營汽車旅館的念頭。六年後，歷經無數金主及開發商的拒絕，夏普從朋友和家人籌到資金，四季汽車旅館於 1961 年開幕，坐落在多倫多市中心外較髒亂的區域，總共有一百二十五間客房，標準房每晚定價十二美元。[3]

在夏普經營旅館之初，旅館業市場有兩種主流。一種是

房間數少於兩百間的小型汽車旅館，通常只提供少數設施，房內有一台電視，一層樓一台飲水機，大廳裡有酒吧和餐廳。這種旅館所需資本不多，每間房間的營運費用也低，而四季汽車旅館就是遵循這套模式。由於旅館氣氛溫暖親切、服務友善，還有殷勤款待的酒吧及餐廳，四季成為地方商務人士最喜歡光顧的地方。

當時旅館業者的另一種選擇，是市中心專為商務出差旅客而建的大型飯店。這類旅館通常至少有七百五十間房間，還提供各式各樣的設施，包括會議室、好幾種餐廳及宴會廳。近年來更增添健身房、商務中心及視訊會議設備。夏普的第四家旅館，就是市中心一棟有一千六百個房間的傳統大型飯店，各種設施應有盡有，還有超大購物走廊。這間大飯店跟夏普的第一家汽車旅館一樣，獲利甚豐也深受旅客歡迎。

兩種類型旅館各有利弊。小型汽車旅館舒適親切，但對需要會議室或先進通訊裝置的商務旅客來說就非上選。大型飯店有足夠的營收，買得起市場上所需的各種設備，但容易

變成冰冷、缺乏人情味的地方。

夏普在 1972 年開了第四家旅館「四季喜來登」（Four Seasons Sheraton），他開始思考自己的下一步。他喜歡舒適愜意的四季汽車旅館，也明白小型汽車旅館沒有足夠收入可提供完善設備，無法吸引富有的商務人士。他和許多住房旅客都喜歡四季喜來登的各項設施，飯店的現金收入也負擔得起這些設施，但龐大的規模讓入住旅客感受不到賓至如歸的親切感。

夏普沒有在兩種主流經營模式中擇其一，並接受隨之而來的缺點。他運用容納對立想法的特質，反覆推敲兩套模式，設計出極具創意的方案，解決了兩者間的衝突。他試圖「整合小型汽車旅館和大飯店的優點」，他腦海中浮現的是中型旅館──規模大到足以供應一定等級的設施，但比標準大型飯店小一些，可以維持親切感和個人化服務。

他甚至已經有中型旅館的模型了。夏普的第三家旅館「倫敦公園旅館」（Inn on the Park），也就是今天的倫敦四季飯店（the Four Seasons），因為受限於倫敦空間法令，只有

兩百二十間客房，比典型的豪華飯店小，剛好讓夏普同時看見親切感、豪華和舒適這三項特性。

倫敦公園旅館的規模雖然對夏普和旅客極具吸引力，但在經營上有個似乎無法克服的障礙：如果房間定價與競爭對手相同，獲利就會太低，因為旅館內各種設施的成本，必須由相對較少的房間來分攤。夏普拒絕傳統旅館業經濟學的束縛，他推斷，如果提供遠比競爭對手更好的服務，就可以訂定高房價，把客房營收提高到可以負擔頂級設施的程度。但夏普了解，在向旅客索取超高房價之前，四季必須先提供顧客與眾不同的服務。

重新定義什麼是重要的

與眾不同的服務是什麼？要回答這個問題，就要跟其他業者採取不同思維，要重新定義「考量重點」。夏普跟其他旅館業者一樣，考慮了地點、人員素質、房間大小及裝潢布置等因素。但他沒有停在這裡，他繼續追問，他的顧客們（主要是差旅商務人士）希望住進什麼樣的房間？

　　旅館業普遍認為商務客都希望受到親切款待、被好好服務。但夏普對「考量重點」的看法更細膩，也更人性。他了解，大多數顧客都比自己期望的更常出差，所以這些顧客會希望旅館能帶給他們在家裡或在辦公室一樣的感覺，他們不會想要氣派和拘謹的感覺。夏普說：「我們做研究，傾聽顧客的聲音。他們大多是企業經理人，經常要在時間壓力下交出成果。在他們看來，豪華氣派主要是建築風格及室內裝潢。我們決定將『豪華』重新定義為一種服務——只有在家和辦公室才感受的到的支援系統。」

　　為了重現居家感受，四季率先在浴室提供洗髮精、二十四小時客房服務、浴袍、化妝鏡、吹風機，以及隔夜擦鞋、乾洗和燙衣等服務。為了讓顧客感覺更像在自己的辦公室，四季搶先在每間客房裝配兩條電話線及一張照明良好的大書桌，也是第一家提供二十四小時祕書服務的旅館。雖然競爭對手很快就複製上述所有措施，但四季已經建立起口碑，提供顧客超出對手想像的服務。

　　對夏普而言，另一項「考量重點」是每家新的四季旅館

所在地的市場結構。業界的傳統作法是訂出整個連鎖集團都一致的設備及服務品質標準。不只能簡化營運，也更容易維護品牌辨識度。

但夏普拒絕「標準化」。多倫多和芝加哥不同，和紐約不同，和巴黎也不同。為了成為當地旅館的第一，即使會造成管理上的複雜挑戰，每個城市的四季飯店都必須反映夏普所謂的「當地色彩及文化」，其標準和品質視當地情況而定。

就結果來看，增加的管理成本很值得。四季將當地市場結構及標準納入考慮，在訂價和品質上，就比競爭對手更不容易失準。巴黎的喬治五世四季飯店（Four Seasons George V Hotel）經美食評鑑組織 Zagat 評為世界最佳旅館，就是因為夏普和資深管理團隊根據當地特色，讓這家旅館完全體現巴黎的奢華風情。

夏普另一個與眾不同之處，是意識到旅館所有權結構的重要性。就許多對手而言，經營和旅館所有權是分不開的，但夏普從經驗中得知，經營權與所有權結合帶來的壞處和好處一樣多。所有權會使資本套牢，讓旅館業者受到當地地產

價格波動的影響，這會讓資深管理者分心，進而浪費寶貴時間。四季擺脫了這項包袱，成為第一家管理旅館，而非擁有旅館的大型旅館公司。各大四季飯店歡迎投資集團擁有該旅館，而四季根據長期合約執行管理。

隨著四季推出各種客房設施，有競爭對手開始複製夏普的做法，把旅館管理權與所有權拆開。夏普之所以能率先實施這個經營制度，就是因為看到了同業忽略的考量重點。

看見因果關係

為了打造四季飯店的獨特性，夏普除了延伸他的「考量重點」，也同時意識到各項考量重點之間的因果關係，這是其他旅館業者沒看見的細節。在旅館業界，某些因果關係非常明顯，例如住房率跟獲利之間有顯著關係；房間營收跟餐飲營收也高度相關。但夏普看到了對手沒注意到的細節。

夏普注意到更複雜的因果關係——旅館規模和設施等級。根據旅館業標準住房費率和入住率計算，一般認為一家提供全套服務的商務旅館至少要有七百五十間客房，才能創

造足夠營收，支付各種設施所需的費用。夏普對規模和獲利之間的因果關係有不同的解讀。他認為，如果能給顧客一個好的理由，讓他們願意花更多錢訂房，就可以在總房數減少的情況下，提供跟競爭對手一樣等級的設施。

顧客為什麼會願意付更多住房費用？夏普選擇提供跟別家旅館不同的服務，不只是程度上的不同，還有種類上的不同。夏普如何達成這種等級的服務？他觀察到旅館如何對待員工，以及員工如何對待顧客，兩者是有關聯的。這個連結就是四季建立品牌的基礎。

傳統上，旅館業把員工看成可替代的資源，人員流動率居高不下，一旦碰到經濟不景氣，就會率先刪減成本中的最大宗開銷──員工薪資。很多旅館員工也用管理階層看待他們的方式一樣看待自己：短期、可替換、明天就可能被解雇。

雖然這樣的勞雇關係幾乎沒有忠誠，也談不上有共同目標，但多數員工還是會做到雇主要求的事項。他們的工作能不能保住，就看是否遵守規則。因此，管理階層和員工共同了解的因果關係是，良好的服務就是達成一套固定標準，這

或許可以說明為什麼許多旅館員工展現出的是很機械式的接待。可以說，良好的服務並不是來自員工個人意願，而是為了保住工作。

夏普對於如何激勵及管理員工有不同的想法。他發現，受雇主禮遇的員工和受旅館員工禮遇的顧客之間，有直接的因果關係。他告訴我：「員工相信他們所看到的事，如果他們看到雇主比較關心利潤、名聲及工作量，比較不關心顧客和員工，就不會相信公司的價值觀，不會全心全意地奉獻。」

四季於是開始以不同於業界的方式對待員工。為了讓員工覺得自己永遠是四季的一份子，比起任何一家連鎖旅館，四季更努力在經濟不景氣時留住員工，也提供更多員工訓練。四季把經理職缺留給內部員工，而非從外界聘雇。

夏普說，四季試圖藉由以下措施打造優質就業環境：「徵人時，著重態度而非經驗；從內部建立員工職涯升遷管道；對於員工的抱怨與顧客的抱怨給予相同的重視；升級旅館設施時也同步升級員工設施；用餐地點和停車位上沒有階級差異；下放責任、鼓勵自律，設定高標準且讓員工擔責；

最重要的是，遵照企業信條，創造信任。」

夏普的管理創造了足夠的信任，把四季打造成旅館業界人才的首選。四季飯店 1994 年在紐約市開幕時，四百個職缺引來三萬多人應徵。[4]《財星》(*Fortune*) 雜誌從 1998 年起每年調查「員工心目中最喜愛的一百家公司」，四季集團年年進榜。[5]

打造優質服務的架構

在設計四季的競爭策略時，夏普並不是依序制定，也沒有把整體策略拆解成不同領域。他沒有先決定旅館要多大、再建立服務標準，接著再制定人力資源政策。相反地，他很清楚必須同時考量事業的每個部分，以及它們之間的關聯。

夏普以「黃金原則」(Golden Rule) 貫穿四季集團，也就是以我們希望別人對待我們的方式對待夥伴、顧客、同事、每一個人。這當然不是新概念，世界上無數的家長都這樣教，無數的孩子都這樣學。新奇的是，夏普把黃金原則當成一家高級連鎖旅館的基本管理原則。

在四季，黃金原則不只是管理原則，還與公司的所有策略結合。四季的資深管理階層，從溫文儒雅、總是儀容整齊的夏普開始，就以他們希望別人對待他們的方式對待員工，而員工的反應是以相同的尊重對待顧客。每個旅館營運都以提供優質服務為本。

許多公司都會說員工是公司最重要的資源，但夏普真的說到做到。他告訴我：「我們跟別人不一樣的是，我們真的實踐這件事。」他表示，做不到或不願意做的資深經理人，都在幾年內下台了。要做到這件事是很痛苦的歷程，讓他非常傷腦筋，或許是他做過最困難的一件事。管理階層摧毀自己信譽的最快辦法，就是嘴巴說員工至上，行為卻是把員工擺在最後。說一套做一套，還不如不要說。

為了確保旅館的整體營運始終聚焦於優質的顧客服務，夏普宣布：四季沒有客服部門。四季不讓「顧客服務」成為單獨的部門，也就是說，提供顧客優質服務是每個員工應盡的責任。

獨特經營模式打響名聲

夏普想出的解決方案遠遠超越傳統經營模式，並且混合了兩種主流模式中的重要元素。他打造出創新的管理體系，每種活動都與整體契合並且能強化整體，比業界兩種主要經營模式績效更好（見圖 2-2）。[6]

夏普打造的獨特管理策略果然奏效，四季飯店優質服務的名聲成為比飯店實際建物更值錢的資產。如今，四季在全球近五十國有超過百家旅館，整體規模遠大於排名其次的麗池卡爾登集團（Ritz-Carlton）。《旅遊者雜誌》（*Conde Nast Traveler*）評選全球百大旅館中，有十八家四季飯店入選，是排名居次業者的三倍。全球知名市場資訊公司 J. D. Power and Associates 將四季集團評為豪華旅館第一品牌，美食評鑑組織 Zagat 則將四季集團評為全美連鎖旅館的榜首。許多城市和國家都曾派代表與夏普會面，邀請他到當地開設旅館，因為四季飯店的進駐就代表那個城市已成為世界級旅遊景點。

夏普在豪華旅館產業開闢出新的成功之道。他表示自己

圖 2-2

四季飯店的系統

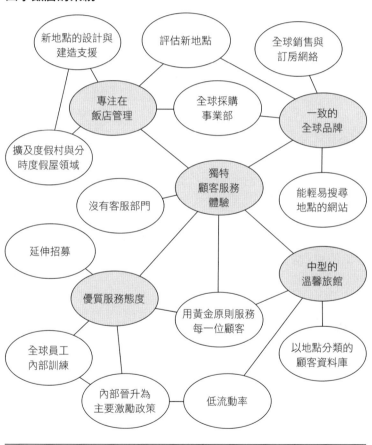

是以專業知識和實務經驗來應付問題，我們也承認他在旅館業年資很深。然而，產業裡經驗老到的管理者大有人在，卻只有夏普想出四季獨特的經營模式。

我認為，夏普跟其他業界老手的關鍵差異，就是夏普願意重新思考四季的「考量重點」，願意鑽研複雜的「因果關係」，以「整體角度」看待決策。這三種思考型態使得夏普能從不完美的取捨中，走出一條新路。

從夏普的決策過程中，我們可以清楚觀察到整合思維者與傳統思維者心智上的差異，接下來就會詳細討論這樣的差異。為了討論方便起見，我在這裡用二分法討論整合思維者與傳統思維者，雖然實際上的情況比較像是光譜，從凡是皆用整合思維的人，到完全不會整合思維的人。討論中，我完全無意貶低傳統思維，而是想特別探討整合思維者到底有什麼不同。

擁抱混亂

整合思維與傳統思維第一個差別，就是整合思維對於

「什麼是考量重點」採取更寬廣的看法。在夏普的解決方案中，他處理的不只是房客明確指定的需求，還包含了沒有明說但期待的需求——希望住旅館就像住家裡或待在辦公室——他考量到對手根本沒注意到的事。當其他豪華旅館也在浴室供應洗髮精時，並不表示那些旅館已經對顧客有更深入的了解，而是因為四季飯店這麼做了，而這項措施似乎可以提升業績。

考量重點愈多，問題會變得愈混亂，但整合思維者並不介意。事實上，整合思維者喜歡複雜，因為這樣就可以確保他們沒有誤刪任何關鍵資訊，能以整體考量問題。他們歡迎複雜，因為最佳答案往往來自於複雜。而且他們有自信不會迷失在過程中，終能找出清晰的解決方案。

整合思維者的第二個差別，在於他們不怕考慮多方向、非線性的因果關係。我們較容易掌握簡單、單向的關係，但這樣的關係通常不會產生令人滿意的解決方案。整合思維者不會只想：「競爭對手削價，危及我們的營收。」而可能會想：「我們的產品上市果然影響到對手。現在他們以削價回

應，我們的獲利能力受到考驗。」以四季的夏普為例，他在旅館規模和獲利能力之間，看到同業看不到的複雜關係。

多數旅館業者認為，房間數一定要有一定的量，才有足夠利潤支付各項設施；房間愈多，利潤愈高。夏普卻看到另一種更複雜、更微妙的關係。他觀察到房間數和顧客感受度之間有負相關。換句話說，增加房間數有好處，也有壞處，而他的競爭對手只看到好處。

此外，夏普也在顧客服務品質和員工對雇主的感受之間，看到複雜的因果關係。旅館業的傳統思維者認為，服務品質全仰賴旅館員工和房客的標準化互動，夏普卻看到另一種很不同的非線性因果關係。四季飯店採用黃金原則對待員工，而受到激勵的員工會願意提供超出分內之務的優質服務。相對地，自覺可有可無的員工，頂多只能做到員工手冊上要求的事項。

整合思維者和傳統思維者的第三個差別，在於決策的結構。整合思維者不會把一個問題拆成幾個獨立的部分、分別解決。他們在解決個別問題時，仍能明確掌握問題的整體。

整合思維者不會落入陷阱，例如在沒有考慮製作成本的前提下就開始設計產品，而是在設計產品的同時，考慮產品是否值得製造。

夏普以黃金原則作為組織的核心原則，這項原則涉及策略的每一面向，並說明了夏普堅持同步考量整體與解決細節問題的能力。事實上，夏普把黃金原則當成旅館的營運基礎，就是「把所有重要選項都綁在一起」的選擇。

就像整合思維者在考量重點和因果關係時一樣，他們在決策時也會容許較高的複雜度。複雜會提高認知上的挑戰，但有機會得到突破性的解決方案。

第四點、也是最後一項差異，就是整合思維者會在衝突對立中尋找創新解決方案，而不是接受不完美的妥協。要找出這樣的解決方案往往更花時間，外人看來可能會認為決策者太優柔寡斷，但不滿足於妥協與傳統選項，才能創造出最具優勢的創新解決方案。夏普渴望打造出「最佳小型旅館和最佳大飯店」的混合體，不希望犧牲兩者中任何一個，但對兩者皆不滿意。達成目標的唯一辦法，就是創造出之前不曾

圖 2-3

整合思維者的決策過程

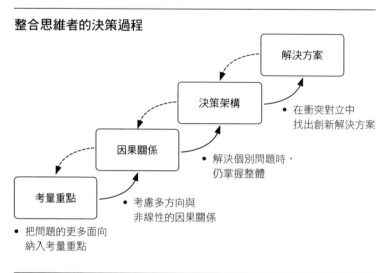

有過的嶄新旅館模式。

圖 2-3 說明了整合思維者的決策過程。

退而求其次的傳統思維

現在絕大部分的管理決策，過程都和上述的四點很不

同。以考量重點來說，傳統上，大家的目標是盡可能排除各種因素，或在一開始就不納入考慮，建構出最簡化的決策地圖。傳統的組織在結構與文化上，都鼓勵簡化問題、走向專業化。各專業部門只考量對他們來說重要的問題。舉例來說，財務部門可能不會把情緒因素視為考量重點，與組織行為有關的部門則很少考慮數字及量化的問題。部門成員的考量重點都必須以部門為準。在本質上，部門專業化其實縮小了每個人的眼界，讓大家習慣於只注意整體的一小部分。

我們經常在事後才不情願地承認當初的考量重點在方向大有問題。當做出錯誤決策時，我們可能會後悔：「我應該先想到歐洲分公司的員工會如何解讀這份備忘錄的用詞遣詞。」或是：「我應該在選定新配銷中心的地點前，先考慮到本州的道路維修計劃。」這就是在判斷考量重點時犯了錯。並不是錯在把某件事當成考量重點，而是根本沒將重要因素納入考量。這種情況並不是意外。因為現今複雜的組織把我們局限在特定框架中，讓我們忽略許多關鍵的考量重點。

傳統思維者也很容易以狹隘而簡化的觀點看待因果關

係，認為依變項和應變項之間是直線因果關係。線性迴歸是企業界在建立兩變項關係時偏好的工具，當然還有其他工具，但多數經理人總是避而不用，因為簡單且單向的因果關係思考起來比較容易。你的主管有多少次罵你，說你把問題搞得太複雜？你反駁，你無意把事情弄得更複雜，只是想反映問題的真實面。主管會告訴你，做好分內的事就行了，也就是把複雜的事情簡化，採用當 A 值愈高、B 值就愈高的線性關係。

有時，決策會出錯是因為我們把考量重點之間的因果關係搞錯了。有時候，可能因果關係方向是對的，但在程度上有誤，例如：「我以為成本會隨著規模擴大而大幅下降，但實際上降低的幅度比預期小。」或者，連因果關係的方向都錯了，例如「我以為聘請新顧問後，服務客戶的能力會提升，但實際上卻降低了，因為資深顧問必須花大量時間訓練新進顧問，指正新手才會犯的錯誤。」

關於決策架構，傳統思維最常見的缺點就是容易忽略整體。把單一問題拆成好幾項雖然比較容易解決，但這樣就沒

有人能全面關照問題的整體。缺乏全盤考量之下,很可能做出二流的決定。我們可以想像一下,如果夏普派四名副總裁分別負責行銷、客服、營運及人力資源,將他們個別的策略拼湊成四季集團的經營策略,結果會跟夏普自己擬出的解決方案一樣嗎?當然不一樣。

最後,關於解決方案,傳統決策者很容易接受不夠好的權宜之計,而且幾乎不會抱怨。還有其他選擇嗎?當決策者來到解決方案的階段時,已經不太可能想到取捨之外的創新想法。因此,傳統思維者很容易妥協,可能會兩手一攤,說:「不然能怎麼辦?」事實上,要是這個決定是從完全不同的方向著手,納入複雜性、多方因果關係、整體而非片段的思考,能改變的事還很多。

接受現況 v.s. 挖掘可能性

我們可以用圖 2-4 說明整合思維與傳統思維的差別。

這兩種思維完全相反,產生的結果也恰恰相反。整合思維者能創造許多可能性、可能的解決方法,以及創新的想

圖 2-4

整合思維與傳統思維的差別

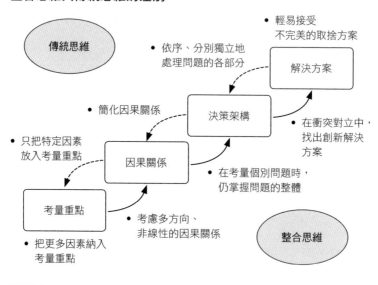

法。他們能創造出無盡的可能性。傳統思維者則傾向隱藏潛在的解決方案，並創造出「不可能有創新解決方案」的假象。

　　整合思維可以帶給我們希望。傳統思維則會讓人不斷增

強「人生就是要做出許多不盡人意的取捨」的看法。長久下來會讓人失去鬥志。根本上，傳統思維者傾向接受現狀，而整合思維者則樂於挑戰、開創更美好的未來。

3
釐清對立現實，找出創新方案

運用整合思維，保持選項開放

「事實只是一種假象，一種相當持久的假象。」

——愛因斯坦（Albert Einstein）

　　如果整合思維這麼好，為什麼我們不常善用容納對立想法的特質？寶僑創新部門主管克雷格・懷聶特（Craig Wynett）的比喻非常好，他認為問題在於「出廠預設值」（factory setting）[1]。你的心智就跟電腦螢幕的亮度或是洗衣機的清洗時程一樣，都有出廠時預設的標準狀態及運轉速

度。絕大多數人不會主動調整出廠預設值,也不知道如何調整。因此,很多錄影機的時間欄始終閃爍著半夜零點整。但就像螢幕亮度和洗衣機清洗時程一樣,心態也是可以被調整的,你只需要學會如何調整。

人類心智的其中一個出廠預設值,就是我們常以為眼前所見到的就是事實,造成容納對立想法的特質完全派不上用場。要深入了解這點,我們可以進一步檢視人類心智如何處理生活中碰到的事物。

過濾的世界

我們每天都身處在名副其實的資料海中,而我們可以不被淹沒,是因為我們天生擁有把資料轉化為意義的能力。但為了得出意義所付出的代價,就是過濾掉大部分的資訊。為了編出符合常理的故事,組合出有意義的敘事順序,我們很難不過濾掉許多重要的資料。正如認知心理學教授喬登・皮特森(Jordan Peterson)所說:「房間裡有無限多的資訊,但你只會看到與跟你目標相符的那些資訊;剩下的空間,充滿

了你不知道的事以及不了解的領域。」[2]

　　現在請閉上眼睛，在腦中描繪你所在的房間。你看不見房內所有的細節，你的心智像一支很粗的畫筆，只勾勒出房間的簡化版模型。每個人畫出的模型，都來自於個人對事實的認識與理解。

　　我們會過濾外界的資訊，部分原因在於要保護頭腦。人腦中處理資訊的部位是視丘。皮特森表示，如果視丘受損，大批感官資訊就會大批灌入。那會是令人無法負荷的龐大資訊，而且順帶一提，這似乎就是精神分裂的原因之一：當資訊超載，超出身體的負荷，病患的探究系統就開始失靈、概念系統開始分裂，那可是很不妙的現象。

現實 vs. 詮釋

　　我們會把自己對事實產生的簡化模型，跟遠遠更複雜的事實混淆在一起，就自己的認知來解讀眼前的一切。以下例子說明了為什麼我們過濾資訊、理解世界的能力，反而會造成混淆及衝突。

莎莉和比爾是同一家公司的兩位副總裁，我們假設這家公司叫做「願景科技」。他們就跟一般人一樣，把接觸到的資訊解讀成有意義的故事，而且常誤以為自己的解讀就等於現實。[3]

莎莉和比爾剛拜訪了一位重要客戶，客戶告訴他們：「我真的很喜歡願景科技。長久以來，你們一直是業界的創新先鋒。但我現在面臨愈來愈大的成本壓力，必須做出取捨。」

這段話是客觀事實，當場有錄音、而且事後由當時不在場的第三者寫出逐字稿。我們的出廠預設值讓我們無意識地從現實中擷取自己認為重要、且符合自我邏輯的資訊。莎莉把注意力集中在客戶的第一及第二句話（「我真的很喜歡願景科技。長久以來，你們一直是業界的創新先鋒。」）完全忘了後面的部分（「但我現在面臨愈來愈大的成本壓力，必須做出取捨。」）她的記憶是精確的，客戶說的話，跟她記得的順序一致。但因為她不認為客戶後半句話是值得注意的考量重點，於是根本沒有放在心上。

當莎莉嘗試解讀客戶那句話的因果關係時，她對現實的

圖 3-1

莎莉的思考過程

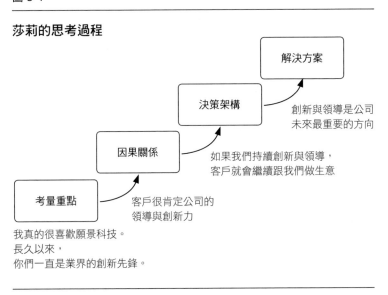

簡化模型就開始背離真正的事實。根據莎莉的主觀解讀，客戶確實告訴她和比爾，說他高度肯定願景科技的領導及創新能力。

真的是這樣嗎？「喜歡」願景科技變成了「肯定」願景科技。但「喜歡」和「肯定」的意思有些差距。客戶可能喜

歡很多東西，但只會掏錢購買他們「肯定」的東西。把「喜歡」換成「肯定」，莎莉添加了一層因果關係：客戶將購買我們的產品。但這並不是客戶的原始說辭。

然後，莎莉把這則加工後的新資料，也就是她稱為事實的資訊，納入根據過去經驗而製造的故事，得到結論：「客戶肯定願景科技的領導及創新。」而這項結論又指向另一個更大的因果關係：「如果我們持續創新及領導，客戶將繼續跟我們來往。」最後，莎莉用她建構的模型、根據她認定的顧客想法，為願景科技策劃未來走向：「未來最重要的就是追求創新及領導。」

莎莉的解決方案是根據她的認知而建構，而不是根據客觀現實。她採用自己覺得重要且突出的真實資料，添加了一層層的因果詮釋後，得出她的解決方案，說明願景科技未來該如何發展。

莎莉會有這樣的思考模式，是因為她的出廠預設值。但每個人的預設值可能都不同。我們對同一份資料，可能建構出不同的心智模型。比爾也同樣聽到那位客戶說的話，但他

圖 3-2

不同的心智模型會得出不同解決方案

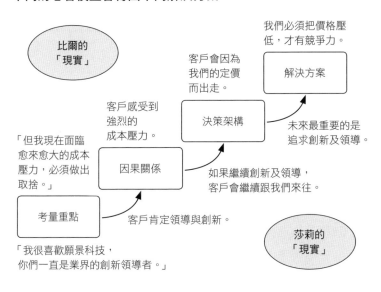

的解讀完全不同，他認為那段話中最突出的是：「但我現在
面臨愈來愈大的成本壓力，必須做出取捨。」

根據這個片段，比爾朝完全不同的方向發展他的模型。
他推斷，客戶將因為成本壓力，做出不利於願景科技的取

捨。從這個方向，他得到一個推論：「客戶正感受強烈的成本壓力。」這個推論又引導出以下結論：「客戶將因為我們的定價而出走。」比爾跟莎莉一樣，經過自認合理的程序，得出最終的解決方案。比爾根據自己對客戶想法的解讀，做出預測：「我們必須把價格壓低，才有競爭力。」

莎莉和比爾建構出兩套完全不同的故事，看起來都有道理，而且都是依據客觀資訊，但解決方案卻南轅北轍。這種情況並不罕見。無限的資訊加上每個人各自為事實增添意義，很容易產生互相牴觸的各種模型。

但莎莉沒有意識到自己的故事只是現實的諸多面貌之一，她在整理會談結果時跟我說，她的理解是「業界的現況」。比爾同樣堅稱，他的看法就是「真實情況」。

與客戶會面後，莎莉和比爾在返回公司的路上聊到這次拜訪。比爾說：「如果我們不把成本壓低，就有失去客戶的風險。」

莎莉大吃一驚，納悶道：「比爾剛剛是跟什麼客戶碰面

了？還是他心裡有別的想法，讓他完全忽略客戶，一心只想
壓低成本，跟客戶要求的恰恰相反。」她對比爾說：「但是比
爾啊，客戶都仰賴我們展現領導和創新呢！」

比爾不敢置信，他心想：「剛才莎莉是跟我一起開會嗎？
還是她自己另有想法，導致她完全忽略客戶的意願，一心只
想創新，不管付出什麼代價？那跟客戶要的東西根本相
反！」

當對立觀點相互碰撞

莎莉和比爾最終溝通破裂，是兩人對事實產生不同心智
模型的結果。他們都很積極地為自己認定的事實辯護，完全
否定對立的看法。麻省理工學院系統思考專家約翰·史德門
（John Sterman）指出：「我們認為，自己看到的就是真正發
生的事。」[4]

這種堅持己見的傾向讓我們不知道如何處理對立、無法
統一標準衡量的模型。我們會本能地決定其中一個模型代表
事實，其他都是虛假、錯誤的，然後設法排除自己否決的模

型。然而,把另一個模型貶為錯誤,我們就錯失了同時掌握兩種對立模型所能實現的價值。

接受我訪談的整合思維者都已學會改變自己的出廠預設值,懂得區分事實本身,以及號稱反映事實的各種模型。跟一般人不同的是,他們不需要選邊站。史德門說:「那並不是選這個模型或那個模型的選擇,兩個模型都是錯的。正確的是:你可以做什麼,整合多方觀點,提升心智模型的品質。」

現在,讓我們看看三位傑出執行長如何同時掌握多重觀點,他們是整合思維的最佳典範。三位執行長分別是寶僑前執行長雷富禮、紅帽軟體共同創辦人羅伯・楊,以及多倫多國際影展策展主席韓德林,他們都展現出明辨現實和心智模型的能力。在本書後半,我會討論我們可以如何改變自己的出廠預設值,學會整合思維。

寶僑轉型重生

雷富禮在 2000 年接掌寶僑執行長。當時寶僑連兩季成

長趨緩，利潤減少，旗下許多大品牌都在流失市占率。寶僑
股價在六個月內下跌近五成，財經媒體公開質疑寶僑已失去
長期在消費產品市場的地位。業界聖經《廣告時代》
（*Advertising Age*）的頭版標題更直接質疑：「寶僑還有重要
性嗎？」[5]

　　以寶僑保守的標準來說，五十三歲的雷富禮算是很年輕
的執行長，即使他當時在公司已有二十三年的資歷，過去的
創新紀錄也讓人印象深刻。他曾帶領寶僑旗艦品牌汰漬
（Tide）的延伸產品上市，包括汰漬洗衣精、汰漬漂白粉及
汰漬濃縮洗衣粉，寫下漂亮業績。在擔任亞洲區主管時，雷
富禮和團隊讓原本只在日本及香港銷售的護膚小品牌 SK-II
變成全球知名品牌，銷售量成長了二十倍。但由於前任執行
長是寶僑成立一百七十年來第一位被開除的執行長，雷富禮
在缺乏正式準備下就被推上任。

　　雷富禮面臨多數有經驗的執行長都曾遭逢的挑戰：寶僑
在創新這一塊需要大改造。前任執行長把重心放在研發，並
依照這種策略編列預算。他認為只有大舉投資研發，才能再

度點燃銷售、提振業績成長。他在十八個月的任期中,把創新支出提高為原來的三倍。

　　無論這個想法有多好,結果都令人失望。所有創新計劃中,只有 15％達成內部銷售及獲利目標。支持將經營重心放在產品研發的人聲稱,策略需要時間,等待一、兩季之後一定會見效。

　　當時,其他高階主管都認為寶僑是以行銷及品牌見長的企業,公司應把焦點放在這裡,把研發經費降至過去的一般水準。他們說,這才是寶僑該走的路,而且在雷富禮的前任執行長把公司搞壞之前,公司一直是這樣運作。

從矛盾中找事實

　　雷富禮接掌執行長後,馬上面臨壓力,要在對立的兩種模型中做出選擇。兩派人都主張,他們的模型才是「事實」,是「當下的真實情況」。雷富禮卻不這麼看。雷富禮把兩個對立模型都視為假設,這麼做讓他在理性和感性上都有空間,可以衡量兩者的優缺點,無須為任一方辯護,或宣

稱哪一方有錯。

從這種不偏袒的角度觀察，雷富禮發現把研發支出調回過去水準，無法創造寶僑所需的業績成長。市場已經改變，競爭者環伺，包括大賣場自有品牌，以及許多吃掉寶僑市占率的品牌新產品。寶僑必須拿出自己的創新產品迎戰，在新產品研發支出上需要比過去更高的投資。

但雷富禮也看出，即使採用前任執行長的做法，大幅提高創新支出，也不能解決全部的問題。雖然有些極具潛力的新產品正處於規劃階段，但公司已經迫切需要大筆的研發投資創造預期收益。

雷富禮決心要找出比眼前兩個選擇都好得多的方法。他就像藝術家，除非達到某種標準，否則連自己都無法接受自己的作品。一個差強人意的取捨，絕對不符合他的標準。

除此之外，他為當下的兩難困境擔起責任。他沒有埋怨外界丟給他這個難題，而是假設真正的問題出在自己身上。他對自己說：「我還沒找到一個既符合我的標準、又創意十

足的解決方案。這不是外界的錯。是我花的心思還不夠。」

他後退一步，開始質疑寶僑其他主管視為理所當然的假設。他質疑這個因果推論：具市場效益的創新產品跟投資經費直接相關。他問自己，為了開發創新產品，是否有比砸錢在自己的研發實驗室更好的辦法。他從外部蒐集資訊，看其他組織如何解決創新問題。

他發現，創新產品的分布很廣且不成比例。許多個人發明家、學術單位及小公司的表現都很不錯，反而是大公司，雖然規模大資源又多，表現卻遠不如預期。但大公司在製造、行銷及配銷管道的能力上遠比小型對手優秀，在研發、測試及將突破性概念轉化為商品方面也享有優勢。

擺脫了什麼才是「正確的創新方法」這個框架，雷富禮找出了整合小公司創造力與寶僑資源網絡的辦法。他為寶僑訂下目標，公司要有 50% 的創新來自外部，並連結外界各式各樣的創新者。寶僑接著可以充分發揮資源優勢，將這些創新概念發展成商品。雷富禮稱這個策略為「連結與開發」（Connect & Develop），他認為這麼做可以讓寶僑把相對不

高的創新投資充分轉化成高於平均水準的業績成長。

　　寶僑的研發人員聽到雷富禮的解決方案都很震驚。雷富禮說：「好幾位有博士學位的首席科學家都很生氣，他們以為寶僑要把研發外包出去了。他們以為寶僑要放棄創新，而創新才是公司的命脈。我說，不，正好相反。我們真正的企圖是把研發實驗室的生產力提高為原先的兩到三倍，我們希望讓更多研發的創新產品量產上市。」[6]

　　「連結與開發」構想的首批成果之一，是以電池為動能的低價旋轉電動牙刷 Spinbrush。開發出 Spinbrush 的是一家小公司，在量產上市初期就把它賣給寶僑，概念源自於深受學童喜愛的電動旋轉棒棒糖。寶僑的貢獻是幫電動牙刷冠上在口腔保健類產品中深受歡迎且令人推崇的品牌 Crest，然後將它銷售到全國各地。這種結合勢不可擋，四年內，寶僑的行銷及配銷實力搭配小企業的創新，開發出總值一億六千萬美元的生產線。[7]

　　雷富禮並不是靠自己達成這樣的成績。他率先把功勞歸給創新事業的負責人克洛伊德（Gil Cloyd）、休士頓（Larry

Huston）及沙卡柏（Nabil Sakkab），這三位是規劃及執行「連結與開發」專案的關鍵功臣。[8] 但如果雷富禮沒有跳脫眼前的困境、訂出無可妥協的高標準、放心授權部下，堅持從下而上、重新全面思考問題，三位負責人也無法落實專案。

雷富禮創造了領導環境，鼓勵團隊盡可能發揮，再運用個人信譽及職權，將概念轉化為實際營運。雖然我們不該把整合思維與個人式領導相提並論，但整合思維也是一種領導力的展現。

從免費軟體創造找獲利

科技業最精采的一個故事，就是開放源碼作業系統Linux 對一度獨霸作業系統市場的微軟不斷提出挑戰。提出「開放源碼」軟體發展理論的麻省理工學院教授理查・史托曼（Richard Stallman）及研發出 Linux 系統原始碼的芬蘭工程師林納斯・托瓦茲（Linus Torvalds），顯然是故事中最重要的兩個人物。再來可能就屬紅帽軟體公司共同創辦人羅伯・楊了。紅帽是 Linux 最主要的經銷商。羅伯・楊靠著極

具創意的行銷方案，解決重大策略困境，讓紅帽及 Linux 在市場開始名利雙收。

即使是在到處都有怪咖的產業，羅伯‧楊仍然十分突出。他個子矮小、微禿，總是穿紅襪、戴紅帽，對他熱愛的產業發表了許多看法。他說自己「不是聰明人」，卻已經為產業帶來深遠的改變。[9]

要了解羅伯‧楊如何改變整個產業，可以看以下簡史。1980 年代，史托曼發起的開放源碼運動逐漸成形，1970 年代 AT & T 貝爾實驗室（Bell Labs）開發的 UNIX 免費作業系統，讓任何人都可以免費取得，自己研發軟體。

托瓦茲也是當時上千位取得這套作業系統的程式設計師之一。1991 年，托瓦茲在 UNIX 使用者留言板上貼了一則訊息，謙虛地公布他已根據 UNIX 核心元件開發出一套作業系統，可提供大家試用。

不久後，大批網友開始針對托瓦茲這套被稱為「Linux」的程式提出建議。為了收集與整合眾多改善建議，托瓦茲和

幾個同事組成了非正式委員會，測試來自各方的意見，並將最有價值的建議整合進核心程式中。

到了 1993 年，Linux 已進展到足以處理需求龐大的企業級應用軟體，但許多公司還是沒有購買 Linux 的意願，因為整個市場很混亂，在沒有著作權保護下，市面上充斥許多類似版本的軟體。Yggdrasil 和 Slackware Linux 這類公司開始嘗試在混亂中理出頭緒，出售自行研發的 Linux 版本。當時羅伯・楊經營一家名為 ACC 的公司，經銷 Yggdrasil 和 Slackware Linux 等「免費軟體」。

「免費軟體」這個用詞其實是誤稱。Linux 其實只是相當便宜，買家還是必須為了唯讀光碟支付一點錢，可能是直接付給 Yggdrasil 和 Slackware Linux 等研發公司，或是付給像 ACC 這樣的經銷商。但販售 Linux 的商家並不像微軟按使用者人數收取授權費用；相反地，買下 Linux 的使用者要把這套系統裝在幾台電腦上都可以，都不需另外付費。

很多公司透過 ACC 銷售自己的 Linux 版本，其中一家就叫做紅帽 Linux（Red Hat Linux）。羅伯・楊對這家公司

的產品印象深刻，於是設法合併紅帽與 ACC，並出任現在的
紅帽軟體公司執行長，他將經營重點從經銷不同 Linux 版
本，轉為專門銷售紅帽 Linux 產品。

羅伯‧楊根據經銷商的經驗，知道當時還很小的 Linux
軟體市場將迅速成長，但除非找到新的經營模式，否則很快
就會碰到瓶頸。他看到當時兩種主流模式都有嚴重缺陷。一
方面，微軟和甲骨文這種大公司採行傳統專利軟體經營模
式，只把作業軟體賣給顧客，不賣程式碼，所有的升級及修
正都掌握在軟體業者手中。正如羅伯‧楊常說的：「購買專
利軟體就像買了一輛前後蓋都焊死的汽車，一旦出了問題，
自己根本沒辦法修。」

專利軟體製造商訂出很高的售價。例如，當時微軟主力
產品 Windows 95 的售價是二〇九美元，毛利超過 90％；不
但維護費高，微軟還定期推出升級版，消費者若想掌握微軟
的增訂更新，就必須購買升級版。

羅伯‧楊對這種經營模式頗感不屑。他說：「如果剛好
有個軟體瑕疵造成系統當機，你得打電話給軟體製造商，告

訴他：『我的系統當了。』他會說：『噢，真糟糕！』但他真正的意思其實是：『噢，太好了！』他會派出每小時收費幾百美元的工程師幫你修理，修正一個賣軟體給你時就存在的瑕疵，他還號稱這是顧客服務。」除了這種大有問題的經營模式，另外的模式就是 Yggdrasil 、Slackware 和紅帽等公司採用的免費軟體模式。

羅伯・楊認為這兩種模式都沒有什麼未來。他認為就軟體的發展而言，專利模式沒效率又過時，但「免費軟體」模式同樣有問題。羅伯・楊說：「你賣 Linux 作業系統根本賺不到錢，因為這玩意兒是免費的，就算開始收費也無法收取高價，這是個名副其實的日用品。」

如果紅帽希望自己不只是低階的日用品經銷商，就必須找出方法，在不違反開放原始碼的前提下，為 Linux 增加價值。這就表示要找出其他程式設計公司及經銷商都忽略的考量重點。

成為業界標準

羅伯‧楊發現最關鍵的考量重點，就在於企業的購買習慣。他了解大企業時常在做影響未來十年或二十年的決定，所以他們都希望跟業界的領導品牌購買產品。他說：「如果美林證券（Merrill Lynch）要找 Linux 廠商，他們不會選第二名，只會選第一名。」

從這項洞見出發，羅伯‧楊又發現銷售業績及永續性之間存在著許多競爭對手忽略的因果關係。他說：「如果我們是第二名，就等於毫無價值。如果你要賣免費軟體，那麼你最好是業界龍頭，否則在市場上就完全沒有話語權。」

羅伯‧楊如何帶領紅帽成為企業用戶眼中的 Linux 領導者？他的做法是，控制 Linux 版本改良的研發過程，為混亂的程序訂出秩序。

他解釋：「每套典型的 Linux 作業系統，無論是紅帽或 Slackware，大約彙整了八百到一千組不同的程式。這些程式由不同團隊維護，每個團隊大約每年更新一、兩次。如果全部接受這些更新，相當於一天就有三次更新。美林證券的系

統管理員如果要使用 Linux，就必須追蹤所有更新，而且每個裝載 Linux 的伺服器都要安裝更新版。

微軟就沒有這個問題。微軟每六個月就會提供一份新版，並且告訴你如何安裝。你會在安全且易掌控的情況下更新作業系統。從這裡就可以看出企業用戶為什麼不用 Linux。雖然 Linux 價格合理，但企業使用免費軟體也省不了錢，因為系統管理員必須追蹤每個隨時出現的程式更新。」

但如果有辦法妥善管理這些更新，使用者不只能省錢，還可以擁有一套比 Windows 更穩定可靠的作業系統。紅帽如果能做到這件事，一定會獲得顧客肯定。

羅伯·楊很滿意這個結合兩套經營模式優點的解決方案，但有個不小的障礙：除非紅帽是業界毫無爭議的第一，否則企業客戶不會購買紅帽的 Linux 產品。

紅帽必須進入美國企業每台硬碟。為了達成目標，羅伯·楊的程式設計團隊重寫紅帽版的 Linux，讓它可以透過網路銷售，不必再透過光碟。接著他告訴團隊：「我們要把

這套系統放進全世界每一個 FTP，鼓勵所有人免費下載。」

羅伯‧楊的目標是「比對手更有效率地把 Linux 送到客戶手中」。這是風險極高的舉動，紅帽犧牲了原本販售 Linux 可能得到的收入，但這是讓紅帽版 Linux 成為標準版本的代價。從此之後，紅帽的 Linux 成為企業用戶眼中的正統軟體。

1999 年，紅帽公司上市，羅伯‧楊在第一天就成為億萬富翁。到了 2000 年，Linux 占有 25％的伺服器作業系統市場，而紅帽在其中的占比超過五成。而且，紅帽不像網路泡沫時代絕大多數的新創公司一樣大起大落，至今仍持續成長。

紅帽為什麼能想出這個創意十足的解決方案？羅伯‧楊如何面對幾個不夠好的選項，正符合整合思維者的特質。

首先，他認定現行專利軟體和免費軟體模式都不是「現實」，只是兩個因應軟體產業動態、廣為大家接受的模式。其次，他堅持找出明顯優於既有模式的新方案。第三，他把

找到新競爭策略當成自己的任務，不認為必須接受現有選項的制約。第四，他把幾個不夠好的選項當成信號，重新從頭開始思考問題。

因為這樣，他才能發現對企業買家而言哪些條件是考量重點，並且看出成為業界第一和獲利之間的因果關係。羅伯‧楊找出創意解決方案的途徑，與夏普和雷富禮採取的途徑在結構上極為相似。

沒有評審首獎撐腰的影展

皮爾斯‧韓德林（Piers Handling）非常適合當影展主席。他從年輕就在電影界發展，他離不開電影。在晚宴派對上，他看起來好像寧願自己正在觀賞一部難懂的參展電影，也不想和身旁的影星寒暄。他不只是電影藝術的狂熱分子，還是電影產業最好學的學生。

韓德林在 1982 年加入多倫多國際影展（Toronto International Film Festival, TIFF）的工作，當時這個影展就像是剛起步的新創。[10] 自 1976 年開始舉辦，多倫多影展起

初還稱不上國際影展，甚至在加拿大國內的聲望還不如蒙特婁世界影展（Montreal World Film Festival）。

韓德林 1994 年應邀擔任影展主席時，多倫多影展頂多只能算二流影展。韓德林在就任主席前，就曾擔任節目總監與藝術總監。董事會希望多倫多影展能像威尼斯、紐約、柏林及坎城影展那樣，吸引國際級的矚目。董事會成員認為要打進影展大聯盟，關鍵就在首獎作品能獲得評審委員會的大獎。坎城有金棕櫚獎（Palme d'Or），那多倫多影展呢？

世界各地的影展主要有兩種模式，其中之一就是設有評審委員會的影展，評審委員由業界傑出人士擔任，包括導演、製片及演員。而影展中獲獎的優秀作品，不只能獲得好評，也是票房保證。例如麥可‧摩爾（Michael Moore）導演的「華氏九一一」（Fahrenheit 9/11）就曾因獲得金棕櫚獎而在全球大賣。設有評審委員會的影展模式，可以讓獲獎影片得到媒體關注及報導。

但評審委員大多是業界精英，因此容易在參展者及影展之間造成隔閡。韓德林認為，評審會讓購票觀眾與影片之間

產生距離感。沒有評審委員的影展固然可讓喜愛電影的觀眾覺得影展是屬於他們的,但少了獎項,影展及影片就無法輕易吸引媒體關注或引起討論,偏偏討論度正是多倫多影展董事會最希望達成的目標。

就像夏普、雷富禮及羅伯‧楊一樣,韓德林面臨兩個不盡理想的選擇。對他來說,多倫多影展最特別的考量重點,就是影展的草根氣氛。韓德林告訴我:「多倫多影展是為了包容而設立,是為了親近觀眾而設立,而不是為了討好電影專家。」

但對他來說,電影製作人及發行公司的需求也一樣重要。電影製作人希望影展吸引人潮,進而讓發行公司關注;發行公司則期待影展能反映目前的市場,顯示哪些影片最能吸引觀眾。

各方的需求都是熱潮。影展需要熱潮吸引觀眾,製作人需要熱潮賣出影片,而發行公司也需要熱潮,判斷哪部電影值得購買。熱潮本身就會帶動正向循環。影展如果成功創造熱潮,就有更多電影明星會出席,引來更多媒體熱烈報導,

又會帶進更多觀眾、製作人及電影發行公司。沒有大獎，就沒有熱潮，但隨著獎項而來的專業評審，卻可能與觀眾產生疏離感，澆熄原本應有的熱潮。

韓德林了解其中複雜的因果關係，也理解每個問題如何與彼此相連。當他終於釐清了這張複雜的因果地圖，創意十足的解決方案就隨之成形。多倫多影展需要能製造熱潮的獎項，持續號召全球精英；但這個獎必須能讓觀眾興奮、感到切身相關，而不是覺得受到冷落。

最佳人氣獎讓影展發光

解決方案就在韓德林眼前。雖然多倫多影展不是設有評審委員會的影展，但從 1978 年起，影展每年都頒獎給最受歡迎的影片。但這個由觀眾票選出來的最佳人氣獎始終不受媒體、觀眾和主辦單位的重視。韓德林發現，經過適當宣傳，最佳人氣獎可以變成創造熱潮的工具。這才能真正能將傳統上屬於精英的影展，轉變為貼近觀眾的活動。

藉由讓觀眾當評審，影展提供了觀眾盡量多買票看影片

的強烈誘因。票選競賽也會吸引媒體報導。最佳人氣獎也能
讓電影發行公司明確知道哪部電影最具商業潛力。電影導演
雖然偏好由評審委員頒發的獎項，但也會樂於接受大眾的喝
采。

　　最佳人氣獎為多倫多影展搏得名聲。1999 年，美國最具
影響力的影評人羅傑・伊柏特（Roger Ebert）告訴記者：「雖
然坎城影展規模比較大，但多倫多影展現在更有參考價值，
也更具重要性。」[11] 2005 年，多倫多影展破了影展票房紀錄，
影評人連恩・萊西（Liam Lacey）稱多倫多影展是「世界最
重要影展。規模最大、最具影響力、最包羅萬象。」[12]

　　《好萊塢報導》（*Hollywood Reporter*）也在 2005 年指出：
「多倫多國際影展已逐漸成為製片公司的主要曝光平台。」[13]
最佳人氣獎的得獎作品包括 1996 年獲得一座奧斯卡的「鋼
琴師」（*Shine*）、1998 年獲三座奧斯卡的「美麗人生」（*Life
is Beautiful*）、1999 年獲五座奧斯卡的「美國心玫瑰情」
（*American Beauty*）、2000 年獲四座奧斯卡的「臥虎藏龍」、
2002 年奧斯卡提名的「鯨騎士」（*Whale Rider*）、2004 年三

座奧斯卡提名的「盧安達飯店」(*Hotel Rwanda*)，以及 2005
年獲一座奧斯卡的「黑幫暴徒」(*Tsotsi*)。

這一切都得歸功於最佳人氣獎，一個整合思維的典型產
物。韓德林肯定這個獎項是多倫多影展的關鍵特色及市場力
量，避免把兩個衝突的既有經營模式跟真正的事實混淆在一
起。面對不盡理想的兩個選項時，他再次整理思緒，找到創
意的解決方案。他的決策讓多倫多國際影展穩坐大眾影展的
地位，既尊重觀眾、也尊重電影界的商業及藝術需求。

分辨真正的現實

雷富禮、羅伯・楊及韓德林在打造創意解決方案時，都
展現了整合思維的特質。三位領導者有能力分辨真正的現實
和一般人解讀現實的心智模型。他們分析、觀察各種模型，
不先反對或否認其中任何一個。這個步驟讓他們能探究對立
模型之間的衝突，蒐集各項線索，打造雙贏。

在雷富禮的故事中，新的支出模型讓他了解寶僑需要更
高層次的創新，才能維持穩定成長。舊的支出模型協助雷富

禮掌握寶僑實際上可負擔的投資金額。免費軟體模式讓羅
伯‧楊了解經銷網遍布的威力，而專利軟體模式也突顯公司
從服務中賺錢的可能。評審團模型讓韓德林看到大獎帶動的
熱潮，以及隨之而來的價值；無評審團的影展則提醒他，觀
眾需要感覺到自己參與其中，這也是關鍵的考量重點。

　　雷富禮、羅伯‧楊及韓德林就像其他整合思維者，拒絕
平庸，也拒絕妥協。儘管看來似乎沒有其他選擇，但目前的
答案就是不夠好。如果現行模式無法達到標準，就必須改
變，因為標準是不容改變的。

　　雷富禮、羅伯‧楊、韓德林負起重任，全力尋找最好的
解決方案。面對次好方案，他們不會歸因於外界，而是自認
「還不夠努力、不夠周延、不夠有創意，沒有透徹想通問
題。」面對不滿意的選擇，他們不會無奈做出選擇，而是努
力思考新方法。一面處理細節、一面顧及整體，他們都在最
初兩個看似衝突的二選一選項中，找到創意十足的新解決方
案。

　　在衝突中找到創意解決方案的渴望和衝勁，是這些成功

領導者最特別的特質。我問他們，當周圍的人都鼓勵二擇一時，為什麼他們還是認為一定要從超越現行模式的角度思考？對於這個問題，他們一致回答：「我不是那種『二選一』的人。」雷富禮的案例說明，當他還有希望「兩者兼得」時，就絕不接受「非此即彼」。他告訴我：「如果那是『二選一』的決定，我們是不可能贏的。在『二選一』之中做決定很簡單，做出取捨也不難。但如果陷入『二選一』的局面，就贏不了。」[14]

4
與複雜共舞

當簡化與專業化無法解決問題

「每件事都應該盡可能簡單，但不至於過分簡單。」

——愛因斯坦

　　瑪莎・葛蘭姆（Martha Graham）在 1991 年以九十六歲高齡過世。她是總統自由勳章得獎人、舉世公認的現代舞蹈之母，以及《時代》雜誌票選「二十世紀最具影響力百大人物」。[1] 她也是二十世紀最具天分的整合思維者之一，甚至讓許多執行長都想從她的經驗中找出創意解決辦法，化解經

營上的兩難困局。

　　葛蘭姆從加州康那屈大學（University of Cumnoch）畢業後，於 1916 年加入洛杉磯舞蹈公司「丹尼斯蕭恩舞蹈學校」（The Denishawn School）。[2] 那時是藝術的顛覆年代，舞蹈就跟繪畫、文學一樣，逐漸掙脫十九世紀的傳統束縛，一小群另有想法的先驅大力倡導後來世人熟知的現代主義。

　　葛蘭姆投身於現代舞蹈運動，1920 年代初時已成為現代舞蹈的指標性人物。1926 年在紐約首演時，她已自行編舞，擺脫古典芭蕾流暢優美的線條，偏好以劇烈、有稜角的動作表現「收放」技巧。她的舞蹈引發許多恐懼與情緒。

　　葛蘭姆的作品完全是當代的。但是，當時舞蹈界仍堅守十九世紀的做法，按照配樂編舞，而配樂多半不是為了舞蹈而作，絕大多數也不是為了舞蹈而寫。當時的舞者穿著傳統芭蕾舞衣，或是與舞蹈本身幾乎沒有關聯的民俗服飾。舞台上只有枯燥單調的二維布置，以及與舞者或整齣舞蹈沒什麼關聯的背景。

葛蘭姆把這一切都推翻了。葛蘭姆與她在丹尼斯蕭恩學校認識的作曲家路易斯‧哈爾斯特（Lewis Horst）密切合作，把音樂融入舞蹈作品中，並終身維持這樣的做法。葛蘭姆 1944 年的傑作「阿帕拉契之春」（Appalachian Spring），與傳奇作曲家阿隆‧柯普蘭（Aaron Copland）合作，創造出音樂與舞蹈充滿張力的綜合體。

葛蘭姆對舞台服裝設計也很感興趣，曾把芭蕾舞的及膝束腰外衣和民俗服飾改成直統長裙和簡單的緊身連衣褲。她作品中的舞台設計也打破既有模式，納入雕塑和其他三度空間作品。與日裔美籍雕塑家野口勇（Isamu Noguchi）的長期合作，使她的作品「邊境」（Frontier）及「阿帕拉契之春」等皆有煥然一新的舞台設計。葛蘭姆的舞者會與舞台環境互動，通常會拿著或碰觸道具，這在舞蹈表演上是前所未見的創舉。

對葛蘭姆來說，作曲、編舞、服裝和舞台都是一個整體中相互依存的要素。她一邊設計舞蹈中的個別元素，也不忘考量整體，而不是把每個元素分派給各個專家。她不僅完全

顛覆傳統舞蹈做法，更在舞蹈界掀起革命性的轉變。

簡化帶來的假性輕鬆

理論上來說，企業及企業領導者應該採取整體考量的做法，打造產品及服務。但為何他們不做？這要歸咎於現代商業組織的「出廠預設值」，也就是對簡化及專業化的偏好。

不只是商業組織偏好簡化及專業化，各領域的人都喜歡簡化及專業化。史丹佛管理理論學家詹姆斯・馬奇（Jim March）說，人類之所以偏好簡化及專業化，是因為我們活在一個極度複雜且意義紛雜的世界，到處都有因果矛盾之處。

舉例來說，如果把產品售價降低 5％，業績就增加了 7％；因此下一季，我們再次削價 5％，但這一回業績卻可能聞風不動，因為競爭對手推出新的東西，侵蝕了原先預期的業績成長。我們的這種反應，就是簡化及專業化。馬奇和同事丹尼爾・李文塔爾（Daniel Levinthal）表示：「組織為了將令人困惑且相互牽動的環境轉變為簡單獨立的個體，會將

各領域分開，並將拆解後的次領域視為各自獨立的存在。」[3]

如此一來一定會犧牲掉某些東西，我們還把這樣的犧牲合理化，稱為眾所皆知的「80／20法則」。80／20法則說，20％的努力可以創造80％的理想結果。如果我們把80／20法則應用在認知領域，就是我們花20％的力氣思考，能夠得到80％的完美答案。這項法則還進一步指出，只有過度偏執或是病態的完美主義者，才會投注另外80％的精力，希望找到頂多好個20％的答案。

80／20法則間接承認，對於模糊且沒有明確因果關係的問題，簡化並不是最好的解決辦法，而是一種因應機制。我們為了不被高度複雜的問題淹沒，就接受最好只有80％的答案。當同事或上司告誡我們「別那件事搞那麼複雜」時，不只是提醒我們那件該死的事要有進度，也是一種請託，拜託我們把問題的複雜程度控制在可以忍受的範圍內。

簡化雖然可以讓人舒服一點，卻對整合思維的過程有害。簡化鼓勵刪去部分的考量重點，而不是全盤考慮。針對企業面臨的困境，簡化會成為獲得完美解決方案的阻礙。夏

普如果像許多競爭對手一樣簡化問題，就無法創造出四季飯店與眾不同之處。他不會與商務客戶展開深層對話，從中歸納出「客戶渴望旅館像自己的家或辦公室」這項關鍵資訊。這種對話會提高問題的複雜度，複雜到由專家主導的組織也無法解決的地步。但夏普偏好複雜，因為他了解，遵循80／20法則的簡化程序，只會得到平庸的業績。他理解真正創新的解決方案來自於複雜。

簡化讓我們偏愛單向的線性因果關係，儘管事實明明更複雜且互相關聯。單憑簡化，就無法像韓德林一樣掌握影展和觀眾參與感之間的因果關係。

簡化讓我們對眼前問題建構出一套有限的模式。如此一來，我們看到的選擇會比較貧乏、較不吸引人，關閉了通往整合型解決方案的途徑。簡化的心智只能勉強接受不夠好的方案，也就是選一個最好的壞選項。

專業化讓人忽視整體

專業化是簡化的一種變形。如果簡化把問題的全貌變得

比實際上更淺顯、粗略與草率，那麼專業化就是把畫布的大部分遮住，只看一小部分的深度和細微之處。

專業化就跟簡化一樣，讓我們能夠輕鬆應付複雜性。以醫學為例，無論以哪種標準衡量，醫學都是極複雜的領域，醫學界的應付方法就是高度而正式的專業化。醫學界有婦科、產科等正式的專科，還有次專科，例如小兒科中還區分出新生兒科。次專科醫師專攻某領域的深度知識，對於專科之外的醫學知識僅略有概念。次專科醫師對於自己專科領域以外的發展通常沒什麼興趣，也不需負責。

最理想的醫學，是把每個專科及次專科的深度知識編成一張天衣無縫的網。但我們太常看到不理想的情況，專科醫學只顧及病患特定部位，沒有體認到面對的是一個完整的人。請想想看你上次到醫院看病的情形。你可能看了好幾位專科醫師，他們可能沒有針對你的病情，花時間跟其他科的醫師交換看法。你走出醫院時，雖然心臟、膝蓋、靜脈都接受了詳細檢查，但沒有人退後一步，把你當成一個完整的人看待。你可能對這樣的經驗感到不滿意，甚至生氣。傳統醫

學專業化的缺失，已促使另類醫學運動的興起。

　　企業界也遵循類似的專業化途徑，同樣出現令人不滿的結果。企業界最主要的專業化是功能領域，包括財務、行銷、生產、銷售、人力資源等等單位。每個功能領域的考量重點，都有自己的接受範圍、因果關係、訓練、行話及文化。企業界專業化就跟醫學專業化一樣，可以讓從業人員累積深度知識。經過時間與努力，許多經理人可以在財務、行銷或會計等領域累積可觀的專業知識和技術。但這種專業知識和技術實際上卻與企業經營的概念背道而馳。

　　管理大師杜拉克曾對我說：「想聘用 MBA 畢業生的企業都在找領域專業人士。最初的五年、八年或十年，你的學生都會被要求成為某領域的專家。而在大多數組織中，如果他們對自己專長領域以外的事務感興趣，就會被討厭，被當成是咄咄逼人、愛管閒事、野心太大。」[4] 但專家並不是解決企業問題的最理想人選，就像杜拉克所指出的，「事實上，沒有財務決策、稅務決策或行銷決策，只有經營決策。」

　　功能專業化對整合思維來說特別不利，因為它破壞了生

產力架構：一邊解決細節問題，同時顧全大局。專業化會針對個別問題提出解決方案，從某方面而言是最理想的方案，從公司整體角度來看，卻不見得是最適合的解決辦法。

舉例來說，設計新產品時，研發部門會訂出準則及規格，然後把準則和規格直接丟給製造單位，接著依序是行銷單位、業務單位等。多數複雜企業組織部門眾多，在整個功能鏈中，每個接手的部門都被之前的部門施加限制。如果研發專家在設計產品時，沒有考慮製造上的困難，製造單位只好自求多福；而下一個部門，也免不了碰到其他部門忽略的問題。

除了上述這種依序處理問題的方法。另外一種常見的做法，就是平行處理。專案經理人可能會要求每個部門針對一個共同問題提出解決方案。然而，因為技能專業化，每個部門的人都無法考量其他部門可能認為重要的問題，也沒有哪個部門的專家能看到其他專業可能看到的因果關係。於是，各部門回覆給總經理的都是最有利於自己部門的方案，沒有一個方案最有利於公司整體。總經理只能從各部門的提案中

選一個，或試圖從每個提案中擷取部分，拼湊出像「科學怪人」般的方案。最後的結果多半會像龐帝克（Pontiac）那款運氣不佳的休旅車「Aztec」。那款車原本應是龐帝克的工程師、行銷團隊以及消費者心中最理想的產品，但因為缺乏整合思維，再多傑出構想，都沒能整合成優秀的設計。如今，「Aztec」這款車早已從市場消失。

勇於面對複雜問題

無論是依序處理或平行處理，都無法同時設想整體與細節問題，無法提供整合思維所需的架構。那為什麼我們還是不斷簡化與專業化？明知道這樣會得到相對不是最好的結果，卻還是照做，為什麼？跟隨馬奇做研究的希拉蕊·強森（Hilary Austen Johnson）說：「世界之所以被劃分成無數零碎的小塊，是因為這樣比較容易應付。」強森還說：「一旦開始把事物整合起來，問題就會變得更複雜、更難下手。變動事項愈多，各事項之間的牽連也愈多，也需要更扎實的知識。」[5]

對大多數人來說，複雜的情況很容易超出心智的負荷量，這時候簡化跟專業化似乎是幫助大家逃離混亂的方法。但經驗豐富的整合思維者會學著區分混亂和複雜。印度軟體龍頭企業塔塔諮詢服務公司（Tata Consultancy Services）創辦人、人稱「印度軟體業之父」的 F. C. 柯里（F. C. Kohli）曾鼓勵面對複雜問題的人：

> 所有情況都會有幾個選項。但如果進行系統性思考，即使是複雜問題，只要找出系統、次系統、次系統下的子系統，盡可能釐清各系統間的關係，就可以看到一線曙光，知道如何走出困境。如果運用邏輯及系統架構，我不認為複雜問題有那麼糟。[6]

如果我們能駕馭最初的恐慌反應，找出模式、連結及因果關係，錯綜複雜不見得那麼可怕。柯里主張，我們因應複雜情境的能力，遠比我們自己想像的高。

團隊能為整合思維提供很有價值的支援。葛蘭姆與柯普蘭、野口勇等音樂與藝術大師合作，是因為她尊重且需要他們的專業。他們協助葛蘭姆打破傳統、找出舞蹈中引人注目

的考量重點，也加深葛蘭姆對於表演元素之間的因果關係的
認識。與這些合作者的長期互動，有助於葛蘭姆在設計舞蹈
個別元素時，不忘考量整體。雖然團隊合作不能保證一定能
產出創新解決方案，卻能大幅提升成功的機率。

　　我訪問的整合思維者跟葛蘭姆一樣，他們知道為了找到
創新解決方案，就需要其他人的協助。他們特意選擇合作對
象，專門尋找對整體最有助益的人。經常與名建築師法蘭
克・蓋瑞（Frank Gehry）合作的加拿大知名設計師布魯斯莫
告訴我：「你無法成為文藝復興時期的那種通才，因為你要
做的事太多了，多到不可能完成。但你可以組一支文藝復興
團隊。」[7] 這些整合思維者仰賴「文藝復興團隊」擴大考量
重點、重視各重點之間複雜的因果關係，並創造出考量整體
的決策架構，追求創新解決方案。

設計一趟旅程

　　目前最成功的「文藝復興團隊」，是工業設計公司
IDEO。IDEO的優勢在於執行長提姆・布朗（Tim Brown）

及所有員工都清楚了解，一般人在使用產品及服務時，並不會只評估功能，還會考慮情感滿意度。一組刀具帶給使用者的感受，跟刀具本身好不好用一樣重要。許多 IDEO 的對手後來都了解這個道理，但已經太晚。IDEO 領先一步，以同時符合手感及情感訴求的目標設計產品，大幅領先對手。[8]

布朗不斷提醒旗下設計師，不要過度簡化及專業化。他認為，過度專注於某個細節元素，會偏離客戶要求的整體解決辦法。

這個信念在幾年前曾受到考驗。當時美國鐵路公司（Amtrak）準備在波士頓到華盛頓之間的都會走廊，推出高速火車「Acela」，希望請 IDEO 設計 Acela 車廂的內裝。美鐵希望火車箱在外觀與功能上都要比他們的主要競爭對手——客機的內部更吸引人。

布朗大可接下這個案子，把美鐵的老舊車款大幅更新。但布朗是整合思維者，他拒絕簡化及專業化。他認為美鐵把焦點放在車廂的內裝，等於忽視了更大的問題。旅客不是因為討厭美鐵的車廂，才選擇搭飛機。旅客不選擇美鐵，是因

為不喜歡美鐵提供的整體經驗。他們不喜歡訂票的過程、不喜歡在車站等車的經驗、也不喜歡美鐵的上車程序。如果不解決這些問題，美鐵就算拿絲綢和黃金裝潢車箱，也無法挽回旅客。

布朗說服美鐵重新思考這個設計課題，並且請 IDEO 的設計師分析典型的火車體驗。設計師發現旅客搭火車的整體經驗涉及十個步驟：吸收新知、計劃、啟程、進入車站、買票、候車、上車、坐車、抵達、後續的旅程。而車廂內裝只跟這十個步驟中的一個有關：坐車。

布朗把 IDEO 與美鐵及其他客戶的合作稱為「全盤考量的綜合過程」。以美鐵的案子為例，「全盤考量」包含從啟程到抵達的每個環節，重新思考消費者搭乘 Acela 的整體經驗。結果，除了 Acela 車廂經過重新設計，火車站、互動資訊查詢站、員工工作站也都重新設計，Acela 品牌重新被定位成在各方面都優於航空旅遊的交通工具。

Acela 是一個很成功的案例，說明了不採取簡化及專業化、以問題原本的複雜度來思考解決方案時，就有可能出現

突破。現在，讓我們看另一位整合思維者，他也選擇在致力解決問題的個別要素時，同時考量整體。

地方英雄、全球寵兒

摩西・茲奈默（Moses Znaimer）個子短小精悍，充滿活力。從 1950 年代中期用自己的成年禮禮金買了電視機以後，就與電視結下了不解之緣。1972 年，他在多倫多與朋友共同創辦獨立電視台 Citytv，對抗加拿大兩家大型電視網：公營的 CBC 和民營的 CTV，以及水牛城幾家隸屬美國三大電視網 CBS、NBC、ABC。[9]

電視是很困難的產業，茲奈默的小電視台之所以能生存，就靠它的與眾不同。主流電視台的節目向來走四平八穩路線，Citytv 的節目則是搞怪、率性、不按牌理出牌。他們的特色是嬉皮播報員、小眾美國及歐洲節目，夜間則播出競爭對手不敢播放的辛辣電影。

對茲奈默而言，光是活下來還不夠。1980 年代初期，茲奈默看見產業的競爭態勢明顯改變，他必須做出重要抉擇。

一方面，廣播媒體業面臨全球化，美國 CNN 有線電視新聞網和 MTV 音樂電視網都一躍成為全球品牌的大集團，其他重要區域媒體也緊追在後，例如歐洲的 BSkyB、媒體大亨梅鐸（Rupert Murdoch）在亞洲的新聞集團（News Corporation）。茲奈默了解，這些全球企業能動用地方企業無法匹敵的資源，跨足地方市場。

另一方面，他也看到觀眾仍然喜愛地方電視台。地方電視台與社區緊密相連，這是全球企業、有線電視頻道及各大電視網做不到的。儘管全球媒體公司的規模愈來愈大、實力愈來愈雄厚，廣告客戶為了主動觸及地方觀眾，仍然願意持續支付廣告費用，因此鞏固了地方電視台的財務基礎。

茲奈默面臨的抉擇是：繼續經營地方電視台，還是走向全球。如果 Citytv 繼續維持地方規模，風險就是在電視業全球化的浪潮中沉沒。全球化的衝擊已經在其他產業上演，從零售業、消費者包裝產品到電影，茲奈默目睹了許多全球企業打敗地方業者的案例。

但走向全球也不是最好的選擇。讓地方電視台全球化，

就必須承擔巨大的財務風險。Citytv 必須借到大筆資金，並且高價買下其他不保證賺錢的公司，還得在快速擴張期間找到管理天才來交涉棘手的業務整併。就算一切順利，還是有可能趕不上其他已經領先十年以上的全球性競爭者。

茲奈默最簡單的選擇，就是認定公司的能力無法「走向全球」，所以安心固守地方電視台。全球化企業最終會把他的電視台吃下來，但在那之前他已經賺了一筆錢。這是傳統思維者很可能做出的選擇，在面臨兩難、而兩種選擇皆不夠理想時，就會宣稱自己毫無選擇。

做為整合思維者，茲奈默拒絕被國際媒體鯨吞蠶食，也拒絕錯失媒體全球化的機會。他重新思考「全球與地方」這個問題，尋找當初遺漏但重要的關鍵資訊。

他找到了。他發現，觀眾對地方媒體的喜愛，並不限於多倫多地區，幾乎每個地區的觀眾都與反映社區價值、促進社區情感的家鄉電視台緊密相連。茲奈默告訴我，地方媒體協助社區成員找到「意外的共鳴」。這件事看起來很理所當然，但茲奈默跟競爭對手不一樣，他把這項洞見跟 Citytv 的

經營理念結合在一起。正如茲奈默所說，成功的關鍵，就是「注意到別人選擇忽略的事」，而這就是「考量重點」的定義。

找出電視台的個性

茲奈默認為，電視台可以跟播出的節目有不同特性。他告訴我：「很多人會說：『大家不是收看電視台，而是收看節目。』但那是因為大家看不見電視台。電視台可以透過自製節目及節目間的空檔發聲。電視台可以在空檔中展現個性。」

茲奈默運用「節目間的空檔」這個其他電視台視為空檔的時間，為 Citytv 打造獨特個性。Citytv 電視台的明星會在空檔中出現，告訴觀眾鎖定接下來的節目。比起競爭對手或外國電視台，這些人更能反映多倫多的族裔多元性，增進了與觀眾之間的連結，也體現了茲奈默的名言「電視的本質是流量，而不是節目。」

從一開始，茲奈默就使用簡單且會不斷強化的設計為 Citytv 打造特性，收尾語「Citytv，無所不在」暗示著電視

台與城市生活各面向息息相關，凡是發生趣事的地方都有 Citytv。多倫多市區到處可見 Citytv 的電視車隊，扛著攝影機的特派記者到處跟行人互動，取材的內容就像是即時的世界評論，全天候播放。

這種簡單的設計為觀眾創造了全國或全球電視台無法複製的連結感。還有一個名為「角落大聲公」的安排，也同樣達到效果。「角落大聲公」是 Citytv 總部大樓的一個小攝影棚，從大樓旁的街道就可以直接進去，路過的人都可以走進去、錄下十五秒鐘的影片。如果這段訊息夠有趣、很好笑、值得深思或令人感動，就會在「節目間的空檔」播出。

Citytv 總部的所在地與建築物本身，也在增強與觀眾的連結。Citytv 大樓坐落在多倫多皇后西街，相當於紐約的時代廣場。大樓一樓攝影棚的大門就在皇后西街上，寬敞的中庭常舉辦各種派對與娛樂活動。現在，美國各大電視網也都開放曼哈頓總部大樓的一樓攝影棚區，與當地人互動。他們都是學習了茲奈默的做法，他是第一位建立電視台與地方環境緊密連結，並將其視為企業根本的人。

茲奈默為電視台打造個性的做法看似簡單，但他看見電視產業的因果關係可絕不簡單。1980 年，許多同業都認定全球化最終會侵蝕觀眾對地方電視台的喜愛。然而，茲奈默了解，全球化其實會養大觀眾對地方電視台的胃口，他認為「全球化會推動在地化」。觀眾愈是覺得與地方電視台氣味相投，愈會繼續支持地方電視台。但茲奈默也了解，全球性企業有資源及規模經濟優勢，可以大舉投資地方電視台負擔不起的專案。

茲奈默跟其他整合思維者一樣，不願意二選一，而是希望兩者得兼。因此，他不接受電視產業必須在全球化或在地化中擇一，因為全球化或在地化都需要做出令人不滿意的妥協。相反地，他讓 Citytv 成為全球地方電視台的模範，套一句茲奈默的話，他「把地方電視台的特質全球化」了。

Citytv 現在是不折不扣的全球企業，分支機構遍布全球二十二國。有一百多個國家不屬於 Citytv 的地方電視台，因為認同 Citytv 的風格而獲得授權播出 Citytv 的內容。權利金收入讓 Citytv 掌握一般地方電視台無法享有的資源，可藉此

與全球性媒體競爭,卻不失地方優勢。

　　茲奈默的「全球化」是面對電視產業內部的衝突時,提出的創新解決方案。他運用典型的整合思維,從兩個看似對立的選項中,找出創新解決方案。他能區分既存模式與現實,訂出嚴謹的標準,並負起責任,而不把自己當成大環境的受害者。對於哪些才是考量重點,他的看法遠比周遭傳統思維者來得寬廣。他在許多考量重點之間,探究更精細而複雜的因果關係。一邊解決細節問題,一邊設想全局,不放棄尋找創新解決方案,充分展現了整合思維的特質。

5
描繪心智運作的地圖

觀點、工具、經驗構成個人知識系統

「生而知之者，上也；學而知之者，
次也；困而學之，又其次也。」

——孔子

　　在本書前半部分，我們觀察到整合思維者靠著容納對立
想法的特質，創造出耀眼的成績。夏普對於經營問題採取寬
廣的眼界、納入新的考量重點，因此打造出世界級連鎖飯
店。羅伯・楊看見意料之外的因果關係，為紅帽公司打開通
往業界第一的大門。茲奈默針對全球化時代下地方媒體的危

機，設計獨特的解決方案架構，同時致力於節目製作、保留社區特色，讓他在競爭中勝出。

在思考考量重點、因果關係及決策架構時，我們研究的整合思維者都沒有落入簡化和專業化的陷阱。他們積極面對複雜，相信自己能找到新的解決方法。就像雷富禮思考如何帶領寶僑在創新上突破，整合思維者知道，眼前不理想的選項並不是現實，只是大家對現實有意識及無意識的推論所拼湊出的模型。

在面對好幾個同樣不理想的選項時，李秦等整合思維者不會選擇捷徑、接受妥協，而是將找出最好的選項視為個人的目標與責任。他們從每個選項中學習，但不被現有選項限制。他們利用從中發現的洞見尋找全新的模式，以創意解決新舊模式之間的矛盾。

現在，我要把重點轉移到每位讀者如何發展容納對立想法的特質，以及如何建構我們自己的整合思維力。我會分享我所訪談的整合思維者，以及我與我的同事在 MBA 課堂中如何教學生與企業經理人學會整合思維。本章會描繪出我們

每個人的知識系統，包含三個面向：觀點（stance）、工具
（tools）及經驗（experiences）。下面三個章節，我會依序詳
談這三個面向。我們會觀察整合思維者的思考技術，說明如
何運用整合思維力，並檢視每個人如何運用觀點、工具和經
驗解決看似無法兩全其美的難題。[1]

　　為了理解觀點、工具和經驗這三個概念，讓我們回到羅
伯・楊的例子。羅伯・楊是紅帽公司共同創辦人兼前任執行
長，在 1999 年交棒給馬修・蘇里克（Matthew Szulik）後，
轉而投身於線上自費出版服務網站 Lulu.com。2003 年秋天，
羅伯・楊造訪羅特曼商學院，與台下商學院的師生分享經營
理念。在七個長達九十分鐘的論壇演講中，這位謙虛、精明
的億萬富翁幾乎無所不談，他如何穿著睡衣在妻子的縫紉室
裡經營新事業，為何買下故鄉哈密爾頓一支破產的職業美式
足球隊，他為什麼熱中於捍衛所剩不多的公共領域。其中最
重要的，他告訴我們他是如何思考的。更棒的是，他現場親
自示範。[2]

觀點：你是誰，你追求什麼

每個人知識系統的最頂層，就是一個人的「觀點」。觀點定義了你是誰，以及你想成為什麼樣的人。觀點是你看待外界的方式，也是你看待自己在世界的定位。

羅伯・楊眼中的世界是一個複雜的地方，有無限多條分歧的道路。他說：「任何情況下，成功之路都不只一條。」但成功很少一次達到。羅伯・楊說：「無論採取什麼辦法，第一個答案很可能是錯的。」世界上最複雜、最麻煩的事，就是其他人，例如消費者。他說：「消費者並不是永遠都對……消費者會說謊或犯錯。」正因如此，最聰明的人不見得會想出最棒的點子。在紅帽，羅伯・楊與他口中的「聰明人」共事，他們「都是高智商的聰明人，但他們不是生意人，他們不知道正確答案。」

如果這個世界的問題複雜到連最聰明的人都解決不了，也難怪有那麼多二流的組織。事實上，這才是常態。企業愈早承認這一點，就能愈早改變。羅伯・楊告訴羅特曼學院的師生：「不要以為你已經很好了。不用急著反駁、也不用覺

得丟臉，因為別人很可能也沒什麼了不起，這就是最大的祕密：大家都不夠好。」

對羅伯‧楊來說，世界很難懂，甚至很嚇人，即使紅帽算成功、他也賺了不少錢，但他在世界上占的位置仍然很渺小。羅伯‧楊說，在網路革命早期，「業界多半是工程師，大部分都絕頂聰明，只有我不一樣，我是業務出身。」他以一貫的謙虛自嘲承認，自己不比工程師的聰明，但他很樂於貢獻他的能力。他說：「我擅長……」他停下來想想後，說：「我是優秀的業務員。」

謙虛的個性激勵羅伯‧楊持續學習他不懂的事物、不斷學習。他說：「你剛入門，什麼都不懂，怎樣才能變優秀？有個有趣而簡單的祕密：那就是明天比今天進步一點點。問題是，到了明天，你必須維持相同的執著，後天又比明天進步一點點。這就是關鍵，不要自我防衛，不要擔心批評。因為你沒什麼了不起，所以批評通常是有道理的。」

是什麼激勵他每天努力自我提升？金錢並不夠。讓他進步的動力，來自他想靠自己完成一件事。羅伯‧楊說：「我

的基本信念，就是希望創造價值。對我來說，創造價值比賺錢更重要。」

動機對羅伯・楊來說是極為重要的力量。學習再加上動機，可以成為比智商更強的工具。他說：「動機可以克服不聰明。」耐心也是關鍵美德，決心、不馬上下結論也很重要。他建議：「等待、先不下判斷、收集長期資料。」除非你已經具備完成任務所需的技巧，否則不要行動。羅伯・楊說：「我很早就學到，不做我不懂的事。那是我的核心想法之一。」

羅伯・楊以強烈的動機與耐心持續學習。他不自我設限，每天都更進步一點，漸漸釐清這個令人困惑的複雜世界，不斷追求最高目標：為世界創造價值。這就是羅伯・楊的觀點。他的觀點可能比很多人更完整，因為他有刻意地思考這件事，才能用語言準確描述，在論壇中跟羅特曼的師生分享。不過，不管是否有意識、或是否具體，每個人都有自己的觀點。每個人的行為都源自於他對世界的看法，以及自己在世界所處的位置。李秦把世界看成某種程度上可以靠自

己形塑的地方。在職涯早期，他視自己為價值投資者，從這個觀點出發，開始有成立投資公司的動機。

韓德林的觀點又不一樣。他認為自己是幸運的觀察者，可以近距離接觸優秀電影。事實上，他覺得自己太幸運了，因此也希望別人也有同樣的機會接觸電影。成為多倫多國際影展主席後，他沒有一頭栽進影展的經營面，仍密切關注電影的動態。這很自然，畢竟他的觀點原本就是熱愛電影及電影史的人。

觀點有個人的獨特性，也有文化及社群的共通面。羅伯‧楊認為自己屬於業務人，沒有頂尖智商，但累積了有價值的實務經驗。從另一個角度看，工程師也是他在開放源碼軟體革命中的同伴。羅伯‧楊的觀點有部分來自於業務人士的專業，也有部分源於與開放源碼運動先鋒的接觸。剩下的其他觀點就是他與別人不同的地方。

我們通常把自己的觀點視為理所當然，也就是「我們是誰」。我們忽略了自己的觀點決定了自己對於「事情應該是什麼樣子」的假設，常以為我們對現實的解讀就等於現實。

正因為我們把自己的觀點視為理所當然,讓它引導我們理解周圍的世界,並且根據這些理解採取行動。我們很少意識到自己的觀點和假設,導致我們更難抗拒或改變。

工具:了解所處的世界

知識系統的下一層,就是我們可以用來思考與理解世界的「工具」。你的觀點會決定你選擇哪些工具來累積知識。例如,你的觀點是想要打造電腦,你就會去報名電腦工程課程,以獲得設計電腦硬體所需的概念工具。

工具可以是正式的理論、已建立好的準則,也可以是經驗法則。羅伯・楊的工具組合中完全缺乏正式理論,這也不奇怪,因為他把後天學習看得比智商更重要。他不反對聰明人偏好理論,但從他的言談中也能發現,他認為聰明人在嘗試把複雜理論應用在實務上時,常常會出問題。他還是傾向重視穩固的實務經驗。

羅伯・楊的工具都來自他的觀點。第一項是他傾向在發展產品及服務時,先製作原型再不斷改善。他談到自己的創

業歷程：「我一直試圖找出不錯的策略，然後在市場上測試。」這種傾向來自於他對自已的認識：他是耐心十足的學習者，世界非常複雜，沒有人能一次就做到完美。

羅伯・楊對於學習的觀點讓他在下決策前都會四處請教別人的建議。他說：「我一定會把握跟每一個人討論，盡可能蒐集最全面的資訊。」但也因為羅伯・楊的另一個觀點是：一般人都對自己太有信心，所以他不見得都會遵照別人的建議，即使是頂尖人士提供的建議。他談到把 Linux 放上網路的策略時說：「那些絕頂聰明的人都認為那是愚蠢至極的決定。」

除了上述工具，羅伯・楊也跟我們每個人一樣遵循經驗法則。其中一項法則跟員工動機有關：「如果員工每天早上都不想來上班，那就很難打造一個真正的團隊。」他曾經用這個法則，在上任時開除了原本七人團隊中的五人。第二項經驗法則，是關於資產價值及不盲從的智慧：「當有人釋出資產時，就該買下來。」他運用這項法則，在離開紅帽後買下幾家公司。最後一項經驗法則與個人的幸福有關：「你該

做會讓你快樂的事。」他運用最後這項法則，離開了他很討厭的高薪工作。當時，他跟妻子仍背著高額房貸，第一個孩子再過一個月就要出生了。但他很快就知道自己做了正確決定，因為長期困擾他的胃潰瘍從此消失了。

理論、既定流程和經驗法則都是有效的工具。少了工具，每次遇到問題就必須從頭開始應付。理論、流程和經驗法則可以幫助我們辨識問題、將問題分類，並應用過去累積的工具解決新的問題。如果你的瀏覽器經常當掉，你馬上就知道要關閉幾個視窗、關掉圖檔程式。

跟觀點一樣，你的知識系統中的工具可能部分是自己特有的，部分則是所屬社群的共同工具。高盛（Goldman Sachs）所有的投資銀行專員可能都使用同樣的分析模型與報表，世界各地的交易員可能都讀過相同的課本。但透過經驗，大多數人會依據經驗法則，各自發展出不同的協商收購準則或評估風險準則。

經驗：將技能內化為本能

「經驗」會形成最實用、最具體的知識。我們的經驗是由我們的觀點與工具累積而成，觀點與工具會引導我們產生某些經驗、遠離其他經驗。如果你是主管，你的觀點是希望創造傑出模式，而你採用的工具是複雜的量化模型，那麼在分析消費者購物行為時，你的經驗很可能就是在辦公室看調查統計結果，而不是與消費者面談。相反地，如果你的觀點是喜歡交際，擅長讓消費者暢談他們的需求和渴望，你可能就會建立實地拜訪的工具，透過與消費者對談累積經驗。

不意外地，羅伯‧楊在研發和行銷軟體產品上累積了深厚經驗。他的觀點和工具引導他從產品生命週期獲得經驗：產品上市、得到使用者回饋、改善產品、更多回饋、持續改善產品。這樣的經驗符合他身為學習者的觀點，也符合他使用的工具——來自實務經驗，而非學術理論。

經驗可以訓練我們的「敏銳度」（sensitivities）與「技術」（skills）。敏銳度指的是能區辨類似但不完全相同的情況。主廚可以明確分辨肉的熟度；藝術評論家可以分辨出卡

拉瓦喬（Caravaggio）大膽原創的筆觸和相對保守傳統的作品；有經驗的股市分析師可以在兩家公司提出幾乎相同的財務報告時，指出相異之處，並運用經驗法則精確預測哪一家公司業績表現會勝出。

技術則是不斷做出最佳成績的執行力。廚藝高超的主廚可以不斷烹調出水準一致的上好牛排；一流的藝術評論家每次都能分辨傑作和普通作品間的差異；專業股市分析師總是可以精確分析哪些個股會跟著大盤起落，哪些個股能打敗大盤。技術和敏銳度通常會同時成長、深化，當我們重覆一項工作時，會用前一次的經驗修正下一次的實作，直到發展出有系統的技術。隨著不斷改善，你的技術會更快、更精準。隨著每一次重複，你會愈來愈能分辨品質的細微差異。有經驗的主師可以本能地分辨牛排的熟度。

我們在學習新事物時，會特別注意到老手視為理所當然的特徵。回想學習一個新運動或第一次去駕訓班時的經驗，你會發現，學習初期的那種高度專注不會一直持續下去。我們透過不斷練習，把有意識的行為轉化為自動化的習慣。回

想第一次開車遇上紅燈時的焦慮，以及現在可以毫不思索就
上路的從容。我們學得愈好，就愈快忘了自己是怎麼做到
的。我們對於自己在做什麼事以及如何完成，就像繫鞋帶或
騎自行車，一旦駕輕就熟後，就內化成直覺的本能反應。

知識系統

我們知識系統中的三種元素會彼此影響。觀點會引導我
們取得哪些工具，而工具又會讓我們累積特定經驗。

三者之間的互動並不是單向的。經驗會告訴我們需要再
去取得哪些工具。有些工具是捷徑，我們可以吸取經驗，不
用從頭解決問題。執行同樣任務十次之後，你會了解哪些步
驟是必要的，哪些可以省略或刪除，以及按照哪種順序才能
最快得出想要的結果。

不過，發展或獲得新工具不只是反覆練習一項已知的流
程。經驗也可能讓你往外界尋找新工具，在尋找過程中又學
到新的流程，再藉由練習而變純熟。也許某家工程公司的新
人，在工作中發現大學的工程學位無法讓她從事最感興趣的

工作。如果她最感興趣的是管理或產品研發，或許會決定回到學校，取得工程碩士學位或念 MBA。

羅伯‧楊的經驗讓他不斷提升自己辨認模式的能力。當我問他，為什麼高智商的人在規劃可獲利的經營策略時會碰到困難。他說，「問題很簡單，這是辨認模式的問題，他們沒有過去已知的決策結果可拿來跟現在的策略比對。」羅伯‧楊說，他能做出優秀的策略判斷，主要就是因為能辨認模式。說穿了，就是需要經驗。他說：「關鍵就是辨認模式，我只是因為已經做過好幾回合了。」

當經驗促使我們獲得新工具時，我們的觀點也會逐漸深化、清晰。剛才的工程師如果進入商學院、獲得 MBA 的工具，新的工具也會改變她的觀點。她不只是有能力應付技術面問題的工程師，還具備商業能力，可以用更寬廣的視野看待問題，並以更多元的工具來處理問題。

對羅伯‧楊來說，辨認模式成為他的核心工具──他是業務，過往經驗使他有能力辨識出問題特有的模式，進而解決問題。隨著經驗愈來愈豐富，他也愈來愈有自信可以看出

圖 5

我們的知識系統

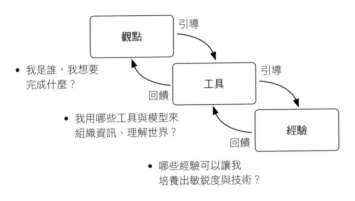

問題的模式，做出大膽決策，像是把紅帽軟體放在網路上供所有人免費下載。

圖 5 用圖解的方式呈現我們的知識系統。其中，觀點引導我們獲得工具，而觀點和工具會影響經驗的形成；經驗回過頭來提供新的工具，新的工具也會改變我們的觀點。著名傳播理論學者及哲學家馬歇爾‧麥克魯漢（Marshall McLuhan）曾描述觀點和工具之間的循環關係。他曾改述英

國首相邱吉爾的觀察，主張：「我們形塑工具，工具又會形塑我們。」[3] 我完全同意，但我認為並非到此為止。工具會讓我們累積經驗，新的經驗會促使我們尋找新工具，而新工具又會拓展、深化或改變我們的觀點。依照麥克魯漢的觀點，我們會透過經驗形塑工具，再將工具整合成觀點。久而久之，就形塑出我們是誰。

已故倫敦商學院教授蘇曼特拉・戈夏爾（Sumantra Ghoshal）在批評 MBA 教育時也有類似論點。他主張，商學院課程常見以經濟學和賽局理論為工具，教導學生推演零和遊戲。也就是說，在充滿各種可能的世界中，只有權衡折衷一途。戈夏爾認為，學生在課堂上使用那些工具的經驗，最後讓他們成為只會玩零和遊戲的決策者。他說，如果能接觸不同工具和經驗，學生的觀點也會大為不同：不只有本事在正和遊戲（positive-sum game）中獲勝，還有能力一眼辨認出正和賽局。[4]

良性循環 vs. 惡性循環

誠如戈夏爾所述，每個人不同的發展路徑會對知識系統帶來決定性的影響。[5] 當一個人朝某個方向開始發展，就會朝著那個方向強化拓展，而不會減弱。這可能是好事，也可能是壞事；可能是良性循環，也可能是惡性循環。知識系統中的三要素若能發揮到最佳狀態，會彼此相輔相成，成為強大的整合思維力。相對地，如果往錯的方向強化，三個要素很可能反而困住我們，即使是最聰明、能力最強的人也可能認為問題都困難到無法解決。不要說成長，能勉強存活就好。

如果一個人的觀點是偏狹且充滿防衛的，就會局限他能獲得的工具及經驗；有限的經驗回饋之後，獲得的工具又更加受限，最終形成更加狹隘的觀點。想像一個生長在破碎家庭、住在治安不佳市區的人，成長經驗告訴他，他並沒有很多選擇。在先天劣勢下，這個年輕人的動機就是生存，而他獲得的工具，也就只是他認為可以讓他活下來的東西。而那些工具又會驗證他最初的看法，那些經驗又再度證實他深陷於無處可逃也無從改善的絕望世界。在這種情況下，他幾乎

不可能想像還能獲得其他更好的工具，可以幫助他改用更寬廣的視野來看待人生各種可能。

李秦的故事展現了不同觀點，就能造就不同的人生。雖然生長在安東尼奧港破巷子裡的混血家庭，李秦把世界看成充滿機會的地方，並定義自己是很想有所成就的人。這個觀點促使他申請北美的大學，讓他有信心獲得入學所需的財務協助。在大學生涯獲得更多工具，進一步拓展他對人生可能性的信念。他在投資管理上取得經驗，不斷磨練、提升自己的敏銳度及技術。這種經驗又增強了他的信念，讓他把世界看成「努力就能有所獲得」的地方，又進一步鞏固了他的觀點：他有能力成功。

循環完全變成良性的。李秦的個人知識系統讓他清楚了解自己需要的工具，以及哪些經驗可以提升他的敏銳度及技術。經驗又回過頭來增強他再繼續進步的渴望，讓他投注更多心力獲得更多投資需要的工具，最終提升了他如何看待自己以及自己在世界中的定位，並加強了他讓世界更美好的動機。相對地，上文假設的年輕人則陷入惡性循環。他從小的

認知就是：這世界是個悲慘的地方，所以他的觀點、獲得的工具及經驗都會證實最初的印象：在這個悲慘的世界，你能做的只有妥協。

良性循環或惡性循環，都不是注定的。你的個人知識系統——你的觀點、工具和經驗——都完全由你掌控。你有很寬廣的空間可以決定自己的知識系統如何發展。你可能無法改變身高、智商或 DNA，但只要能改變觀點，就能改變影響你如何思考的工具和經驗，特別是整合思維的能力。

接下來的三個章節，我們將分別探討觀點、工具和經驗，並透過許多整合思維者的故事來說明這三項知識系統的要素。我會以故事說明我們如何培養整合思維力，也會說明我和同事如何為學生及企業經理人建構這項能力。我希望以下三章可以幫助你在知識系統中創造良性循環，不斷提升你的整合思維力。

6

觀點決定視野

明辨現實與想像，對立就能變成機會

「我們不可能開始學習我們自認已經知道的事。」

——愛比克泰德（Epictetus）

「這實在令人無法接受！」這是普世健康研究中心（Institute for OneWorld Health, IOWH）創辦人維多莉亞·哈爾（Victoria Hale）在九十分鐘的訪談中，唯一的強烈字眼。她在訪問中說了很多，不時出現帶有情緒、反思、分析、趣味、魅力的言語，但當話題轉到製藥業沒有考量窮人

的需求，以及許多醫療專業人員對此視而不見，哈爾激動地說出「無法接受」這句話，語氣中透露對懶惰、自滿及現狀的指責：「對藥學家來說，這令人無法接受！」[1]

哈爾不只是藥學專家，她在世界知名的加州大學舊金山分校製藥化學研究所取得博士學位，曾任美國食品及藥物管理局（FDA）新藥申請部門資深審核員，也曾在頂尖生技公司基因泰克（Genentech）擔任研究員。她放棄在大型製藥公司高薪的資深主管職，在 2000 年、四十歲的時候創辦 IOWH——全球第一家非營利製藥公司。IOWH 的使命是改變製藥業的現狀，針對窮人的疾病研發新藥。

哈爾從製藥工作的經驗得知，要將藥品送到需要的人手中，主要有兩種模式。第一種是傳統營利藥廠的模式：製藥公司花費數十億美元，針對特定疾病研發藥物，這需要數年的實驗及臨床測試。如果新藥最終通過政府審核，製藥公司就會依成本及股東利益為藥品訂價。第二種為公共衛生模式，就是運用來自政府或製藥公司的補貼，讓貧窮病患能以負擔得起的價格取得昂貴藥物。

上述兩種模式各有優點。營利模式可以動用巨額資金，找出治療流行疾病的新藥。公衛模式則善用政府及製藥公司的資源，協助貧困的病者取得原本可能負擔不起的藥物。但這兩種模式都無法因應世界上無數貧窮人民的需求。營利製藥公司只為買得起藥物的人研發新藥，因為治療窮人疾病的藥物無法創造足夠業績，製藥公司無法回收龐大的研究及經銷成本。

這並不是對製藥公司的控訴。他們並不是貪婪無情，而是做為公開上市的營利公司，他們有責任為股東及員工創造利潤，而這種責任與義務讓他們的選擇受限。然而，公衛模式把現有藥物的成本壓低到貧窮者負擔得起的價格，這麼做只能擴大既有藥物的市場，無法推出新藥。因為公衛組織本身並不在藥物研發產業中，無法針對窮人常罹患的疾病研發新藥。

兩種模式之間存在一道鴻溝，導致致命的重大疾病繼續危害生命，卻沒有人設法開發合適的藥物。對哈爾來說，這令人無法接受。她告訴我，在研究如何為貧窮人口研發藥物

的問題時，她問自己：「為什麼不能有一家非營利的製藥公司？如果可以整合需要的技術、人員和資源，通過新藥研發階段，最後就有可能生產出窮人也能負擔的新藥。讓我們試試吧！」IOWH 於是誕生。

終結黑熱病

IOWH 接下來的任務，就是研究貧窮人口身上常見、藥物最能改善的疾病。其中之一就是內臟利什曼原蟲症（visceral leishmaniasis），那是一種在孟加拉、印度、尼泊爾、巴西及蘇丹等相對貧窮地區常見的寄生蟲病，每年會造成約五十萬人死亡，是世界上死亡率僅次於瘧疾的寄生蟲病。得到印度人所稱的「黑熱病」（kala-azar, black fever），內臟會被寄生蟲破壞，病人會在極度痛苦中緩慢死去。這種病只要經過完整的抗生素療程，施用兩性黴素 B（amphotericin B）即可痊癒，但因為這種藥物的價格比大多數病患一輩子賺的錢貴了至少兩倍，只有極少數幸運兒有辦法負擔。

　　哈爾和 IOWH 的夥伴發起尋找平價黑熱病療法的計劃。不久後，他們發現一種可能有效的藥物：巴龍黴素（paromomycin）。這種抗生素在 1961 年上市，十五年後因不再獲利而停產。哈爾和 IOWH 與印度政府合作，向各大基金會募款，針對巴龍黴素治療黑熱病的效果進行大規模臨床試驗。

　　IOWH 的三階段臨床試驗在 2004 年 11 月結束，研究人員指出，95％的投藥病患都痊癒了。2006 年 8 月，印度藥物管制主管機關核准在印度以巴龍黴素治療黑熱病。由於每位病患療程的成本僅需十美元，印度政府有能力為民眾支付所有費用。IOWH 正在遊說其他出現大量黑熱病患者的國家採行同樣做法。

　　在印度政府的支持下，IOWH 現在與印度的格蘭德製藥公司（Gland Pharma Limited）合作，在印度製造及分銷巴龍黴素。由於這項突破，哈爾在 2004 年獲施瓦布基金會（Schwab Foundation）選為傑出社會企業家，2005 年則獲《君子雜誌》（*Esquire*）選為年度風雲執行長。《經濟學人》

雜誌在 2005 年頒給她社會及經濟創新獎，史科爾基金會也
在同年頒給她「史科爾社會企業精神獎」（Skoll Award for
Social Entrepreneurship）。2006 年，哈爾更贏得被稱為天才
獎的「麥克阿瑟獎」（MacArthur Fellowship），頒獎單位麥
克阿瑟基金會形容得獎者皆展現出「傑出創意，根據目前的
非凡成就，未來很可能創造出重大進展」。[2]

　　如果有「整合思維傑出獎」，哈爾也會得獎。她面對兩
種行之有年的經營模式，並不是選擇其一，而是創造出新的
解決方案。這兩個模式一個在研發新藥上極為成功，但不適
合為低收入市場服務；另一個則恰恰相反。她跨越兩種模式
的限制，運用容納對立想法的特質，創造出新模式：第一家
非營利製藥公司。本章想探究的核心問題是：哈爾和其他整
合思維者都採取什麼樣的觀點，使他們有動力朝創意解決方
案邁進？

整合思維者的六個信念

　　無論在各方面有多大的差異，整合思維者有六項共同的

信念。其中三項跟周圍的世界有關，另外三項與他們在世界中的定位有關。

首先，無論現存模式是什麼，都不代表那就是現實，頂多是目前最好、或目前唯一一種對世界的詮釋。就像哈爾談到 IOWH 出現之前的製藥業時說：「這就是現實嗎？不！現實在各種層面上，都更麻煩、更混亂。」

第二，整合思維者相信，互相衝突的模型、風格、方法都是解決問題的施力點，我們不應該害怕對立。哈爾告訴我：「有人十分擅長製藥技術，對藥物產銷工作沒興趣；也有人沒受過專業技術訓練，但對實務工作、人際關係很有一套，能敏銳地感受到文化差異。我們需要各式各樣的人，才能解決問題。」

第三點，整合思維者相信，一定有更好的處理方式，只是目前還沒出現罷了。許多同業科學家在哈爾還沒開始推動 IOWH 之前，就否定了這個想法。她當時的反應是：「身為科學家，怎麼能妄下定論？這的確是大工程，但沒有嘗試過，怎麼能確定不可能？要做實驗才會知道。」

　　第四，整合思維者認為，不只一定有更好的解決方案，而且他們有能力把最佳解決方案從抽象假說，化為具體現實。哈爾說：「起初，我以科學家的身分看待貧窮人口的新藥研發問題，我對自己和別人說：『我們應該試一試。』這句話裡的動詞很重要——應該，我們『應該』試一試。然後變成，我真的『有能力』嘗試；接著，我『要』嘗試；最後到我『已經在』嘗試。」

　　第五點，整合思維者樂於面對複雜，從中找出更好的新方案。他們有信心可以從混亂中找出解決方案。哈爾說：「我可以看到問題的全貌，我可以發揮想像力，過程中並不會害怕。我可以深入探索、也可以廣泛了解。我看似顛覆了現狀、好像在自找麻煩，但我其實從中獲得了平靜。我不怕混亂。」

　　最後的第六點，整合思維者會給自己足夠的時間想出更好的解決方案。哈爾說：「我知道什麼時候要做什麼事，我就是知道。每當我想找到答案，就要給自己預留時間、空間和精神，這是很費力的過程。我會花時間與問題纏鬥。就是

不能急，你知道，時機成熟，答案就會浮現。」

這是一種天生樂觀的觀點。整合思維者了解世界的確有限制，但他們都深信透過努力與耐心，一定可以找到更好的選擇。

在對立方案中旋轉

我們已經看過四季飯店的夏普如何打破旅館業既有經營模式，想出「結合小型旅館和大型飯店的最大優點」。也看到提姆‧布朗提出，IDEO 的設計必須同時滿足使用者在功能和情感上的需求，而不是只顧及其中一項，犧牲另一項。

K. V. 卡曼斯（K. V. Kamath）在 1996 年接管印度政府支持的小型開發銀行，並把這家銀行迅速擴張成為印度最大的民營銀行 ICICI 銀行。ICICI 正在快速全球化，已經買下許多世界知名的老字號銀行。卡曼斯就像夏普和布朗，在面臨品質和效率的兩難時，拒絕遵循傳統，而是發揮組織和管理長才，達成品質和效率的雙重目標。

　　大部分的整合思維者都會拒絕接受不夠好的選項，儘管外界總是告訴他們，沒有其他辦法了。eBay 執行長梅格‧惠特曼（Meg Whitman）就是典型的例子。惠特曼說，eBay 的經營祕訣是「結合」（"and"）的概念。她強調，建立社群不是只為了建立社群，做生意也不是只為了做生意。把建立社群結合生意，才能創造最好的效果。[3] 印度最成功的資訊科技大廠印福思科技（Infosys Technologies Limited）創辦人兼執行長奈丹‧奈里坎尼（Nandan Nilekani）表示，面對兩個對立的需求時，他會先問：「有什麼解決辦法能滿足雙方需求？」[4] 而前奇異總裁威爾許在被問到策略和執行哪個重要時回答：「這不是『二選一』的問題。」[5]

　　整合思維者的另一個特質，就是他們在面對複雜問題時都非常冷靜。他們以耐心釐清問題，找出其中的規則或型態。薩迪揚資訊服務公司（Satyam Computer Services）創辦人拉于（Ramalinga Raju）的譬喻非常生動：「如果你在水面上游泳，就不太可能找到珍珠，珍珠都在深海裡，得潛到海裡才找得到。同樣地，面對任何特殊問題，都需要深入探索。」我問他，面對兩個矛盾的複雜問題時怎麼辦？他說：

「我會冥想。」[6]

布魯斯莫說，經過深入挖掘探索得到的解決方案是「複數的」。[7]每個整合思維者的核心觀點，是同時觀察所有模型，而不是分開來看，藉此尋找有用的答案。這樣的思考正具體展現錢柏林的「多重工作假說」。

培養觀點

我們接著要討論如何培養觀點。請記得，觀點並不是獨立存在的，而是在工具和經驗的脈絡中，而工具與經驗都需要經過時間累積而成。因此，無論是我或任何人，都無法告訴你整合思維者的觀點是什麼。這是長期不斷累積的過程，除了最初的個人性格（想想李秦的基本信念：我們可以靠努力開創、改變世界），不斷累積的新工具與新經驗也會影響、強化我們的觀點，為我們的觀點加入深度與細節差異。

所以，問題變成：有哪些基本特質，可以做為個人知識系統的基礎，讓我們建構出像哈爾這種整合思維者擁有的觀點？這些基礎就是我在前文提到的六種特質，我們將在後文

詳細討論，現在先將六項特質摘要如下：

對世界的觀點

1. 現存的各種模型不代表事實，只是我們對世界的詮釋。
2. 互相對立的模型並不可怕，矛盾反而是能讓我們善加利用的著力點。
3. 現行的模型並不完美，一定有更好的解決方案，只是還沒出現。

對自己的觀點

4. 我有能力找出更好的解決方案。
5. 我能面對複雜的情境，找到方法釐清問題。
6. 我給自己足夠的時間創造出更好的解決方案。

請記得，清單上的各項特質都只是起點，每一項觀點都必須透過工具和經驗才能扎根。隨著你開始建立上述整合思維的觀點，而且愈來愈有彈性與強度時，你會發現「對自己的觀點」中每項特徵，都能對應到一項「對世界的觀點」。當你了解眼前的各種模型不等於現實，你也會開始相信，自

己有能力找到更好的解決方案。當你學會把對立的模型當成著力點,你就能冷靜應對複雜的狀況,並且有信心能深入了解情況、解決問題。當你相信一定有更好、但還沒被發現的方式,你會更願意花時間尋找創新的解決方案。

如果觀點本身無法直接傳授,構成觀點的特質卻可以被教導。我們先從第一項特質開始談。

1. 認知模型不等於現實

就像第三章提到的,每個人都有「出廠預設值」,讓我們誤以為主觀的詮釋等於客觀的現實。每當聽到別人說:「現實的情況是……」,又更加深這樣的混淆。教育也讓我們不斷把主觀詮釋當成是事實背誦,無論是莎士比亞的戲劇、滑鐵盧戰役,或是馬克斯的資本理論。我們一直無法區分詮釋與現實,背後並沒有什麼大陰謀,只是因為出廠預設值讓我們有這樣的傾向,而教育系統又加強這樣的設定而已。

所以,培養整合思維觀點的第一步,就是學會區分主觀詮釋和客觀現實。2005 年奧斯卡獎最佳影片「衝擊效應」

（Crash）鮮明地展現出主觀詮釋和客觀現實的差異，很可能
會造成生與死的差別。

「衝擊效應」劇情描述了幾段發生在洛杉磯的劇烈種族
衝突，其中一段重要劇情是西班牙裔的鎖匠丹尼爾和伊朗裔
商店老闆法哈之間不斷升溫的衝突。法哈是口音較重、只會
初級英語的新移民，在洛杉磯較貧窮的社區經營一間小店。
店裡數次被小偷闖入，並將財物洗劫一空。法哈後來決定買
槍自保。法哈的女兒多莉很不贊同買槍。多莉已經很融入美
國社會，正在就讀醫學院。因為法哈的英文不夠好，無法應
付買槍過程的交涉，多莉雖然不贊成買槍，卻還是協助父親
與槍販溝通。

當我們在影片中再度看到法哈時，他正在打電話給保險
公司，抱怨他的店不安全，因為後門的鎖被撬開了。保險公
司於是派鎖匠丹尼爾去修理。二十多歲的丹尼爾是保險公司
二十四小時待命的獨立承包商。他的長相有點嚇人，特別是
對像法哈這樣的新移民來說，更是如此。丹尼爾剃光頭，戴
著一只耳環，身上還有明顯的刺青，穿得像法哈那個社區的

幫派分子。

但導演就在幾個鏡頭中，讓我們看見丹尼爾的另一面：他是溫柔的好丈夫，很疼愛妻子和年幼的女兒。一家人住在樸實卻整潔的房子裡——進門前還要脫鞋。我們看見他五歲的女兒穿上制服時充滿驕傲的神情，也看見丹尼爾和妻子必須做出很多犧牲，才能把女兒送進私立學校。

劇作家學到的第一課，就是每個場景都要呈現出某種形式的衝突。丹尼爾和法哈的重要場景就是個典型的衝突：兩個完全對立的主觀詮釋，在客觀現實上完全對立，劇情走向悲慘的結局似乎完全無法避免。

衝突從法哈店裡開始。丹尼爾在店的後方，修理壞掉的鎖。他放下手邊工作，朝法哈走去，當時法哈坐在收銀台前，正聽著伊朗音樂，思緒似乎飄向了遠方。

　　「抱歉，」丹尼爾說：「抱歉，先生。」
　　法哈對於白日夢被打斷似乎很惱怒，他用很差的口氣問：「你修好了？」

丹尼爾說：「我換了一個鎖，但那扇門的問題很大。」

「你把鎖修好了嗎？」法哈再度不耐煩地問。

「沒有。我換了新的鎖，」丹尼爾回答。「但你那扇門真的有問題。」

法哈大聲說：「你就把鎖修好就行了！」

「先生，你聽我說，」丹尼爾已經快失去耐性，「你需要的是一扇新門。」

「我需要新門？」

「是的。」

「好。多少錢？」

「我不知道，」丹尼爾搖著頭回答：「先生，你得打電話找賣門的人。」

「你想騙我，對不對？」法哈挑釁地問：「你一定有朋友會修門吧？」

「沒有，我沒有會修門的朋友，老兄。」丹尼爾覺得被冒犯了，他生氣了。

「那就去把那該死的鎖修好，你這個騙子！」

　　丹尼爾已經在爆發邊緣：「那你至少要付新鎖的錢，我不算你工錢，可以吧？」他把檢修單的影本交給法哈。

　　「你根本沒修鎖，」法哈把那張紙往收銀台上一丟，說：「叫我付錢？這是什麼？你當我是笨蛋？給我修好那個鎖，你這個騙子！」

　　「請你不要再叫我騙子，謝謝。」丹尼爾努力控制自己的情緒。

　　「那就修好那該死的鎖。」法哈繼續要求。

　　「我已經換上新的鎖了！你需要的是修好那該死的門！」

　　「你騙人！你根本是騙子！」

　　「好，」丹尼爾把檢修單揉爛，然後說：「你不必付錢了。」

　　「什麼？」法哈說，他不可置信地看著丹尼爾把單子丟進垃圾桶。

　　「祝你晚安！」丹尼爾諷刺地說，轉身走向前門。

　　「什麼？」法哈憤怒地說：「不，等等。你回來，給我修鎖，回來呀你，給我把鎖修好！」

　　但丹尼爾已經走出了大門。

　　第二天早上，法哈要開店時，發現店裡被人闖入、砸毀。除了財物損失，肇事者還在牆上用噴漆噴上反阿拉伯裔的歧視性話語，甚至提到九一一攻擊。這讓法哈更加憤怒，他是波斯人，對他來說，被當成阿拉伯人是嚴重的侮辱。他氣壞了。當保險公司通知此次損失無法理賠時，法哈的憤怒飆升到頂點。無法理賠的原因，是保險公司把責任歸咎於法哈太過大意，沒聽丹尼爾的勸告把那扇門修好。

　　法哈在腦中反覆思索這件惡行，認定闖入店裡的一定是丹尼爾，他從垃圾桶中找出丹尼爾揉爛的檢修單，按照上面的地址，帶著女兒幫他買的槍，到丹尼爾的家。不久後，丹尼爾把工作用車開進車道，他一下車，法哈就拿槍指著他，要求他還錢。丹尼爾根本不知道法哈在說什麼，他嘗試讓法哈冷靜下來，但他的舉動只讓法哈更加憤怒。

丹尼爾的女兒在屋內透過窗戶看到兩人對峙的場面,衝出去要保護父親,卻直直衝進法哈朝丹尼爾射擊的火線之中。丹尼爾痛苦地尖叫,他的妻子從廚房飛奔而來,跪倒在屋前的台階上,一邊哭泣。

一個無辜小女孩變成一椿完全可避免的誤會受害者,是多麼令人心痛的場景。幸好,因為法哈的女兒多莉,這場悲劇後來出現令人意外的轉折。觀眾在電影後來的場景中,發現多莉在協助父親買槍時,還偷偷買了空包彈。所以,法哈朝丹尼爾跟小女孩開槍時,射出的都是空彈。不只保住了丹尼爾和女兒的性命,法哈也免於一級謀殺的罪名。

這段令人緊張的劇情,正好說明觀點的重要性──我們必須有意識地區分客觀現實和主觀詮釋。丹尼爾和法哈兩人對彼此都有偏離現實的認知,這個認知真實到讓他們願意為此採取極端行動。法哈的行為或許比丹尼爾更極端,但兩人的處理都不好。

在法哈心目中,丹尼爾是個騙子,也是不折不扣的罪犯,他不是自己擅闖法哈的店,就是把法哈的地址給了他的

幫派同夥，叫唆同夥去砸店。法哈的考量重點是丹尼爾的族
裔背景、嚇人的外表，還有他沒有修好那扇門。法哈從這些
資料中建構出因果關係，認定丹尼爾是個騙子，故意說是門
的問題，讓朋友可以賺到修門的錢。法哈心中建構的模型讓
他認定丹尼爾是騙子。丹尼爾的憤怒回應、拒絕完成工作、
法哈的店被破壞，都擴大強化法哈對丹尼爾的詮釋：這個外
表凶惡的鎖匠是個騙子，還是個犯罪的騙子。

　　丹尼爾的考量重點是：法哈在聽奇怪的音樂、口音很
重，以及「你想騙我對不對？」等嚴峻的指控。根據這些考
量重點，他對法哈建構出的認知模型就是個無知、好鬥且無
禮的人。丹尼爾面對法哈指控後仍算鎮定，但他脫口而出的
「老兄」帶著諷刺且不友善，於是增加了法哈的敵意。

　　丹尼爾的措辭強化了法哈視他為幫派分子的看法，讓法
哈也愈來愈不客氣。而法哈的怒氣也讓丹尼爾進一步證實自
己的看法，認定法哈是無知、暴躁的人。他放棄溝通，決定
不收費直接走人，又讓法哈證實自己的看法──丹尼爾是讓
人無法信任的騙子。

丹尼爾和法哈都把自己對對方的詮釋視為現實，然後根據認知做出行動。丹尼爾確信，自己面對的是個無知、無禮又好鬥的人，他覺得自己有充分理由放棄說明那扇門的問題，然後在沒有妥善維修門鎖的情況下離去。

雖然法哈舉止挑釁，丹尼爾其實可以有不同的反應。在迅速放棄溝通前，丹尼爾可以自問，法哈的行為是否有其他可能的解釋。丹尼爾可以決定多花一點時間，了解他對法哈的印象是對還是錯。他或許可以要求法哈走到後門，實際說明為什麼問題的源頭是那扇門，而不是鎖。

但相反地，丹尼爾選擇以嘲諷回應，接著氣憤地離開，無意中讓法哈留下錯誤印象，又進而編造出不正確或不完整的現實。對法哈來說，丹尼爾顯然是因為非常生氣，所以帶著狐群狗黨來砸店。

如果丹尼爾是錯在少做了一些事，那法哈就是錯在多做了一些事——遠比丹尼爾更極端的事。法哈心裡編造的錯誤認知讓他以為丹尼爾就是砸店的主謀，認為自己有正當理由槍殺這名罪犯。其實兩人都可以自問，對方的所作所為有沒

有其他解釋的可能。即使只是給自己幾分鐘想一想，都可能打消復仇的念頭。

　　這個例子的重點、也是我常向學生們說明的，就是現實往往不等於眼前所見。生命中很少會有所謂的千真萬確。我們通常用心智模型來認知現實世界，例如當牛頓的力學模型普遍被視為宇宙運行的現實時，愛因斯坦對力學提出的新解釋，對許多知識份子來說簡直就是歪理。其實，各種作用力並未改變，只是描述力學的系統改變了，卻讓許多人覺得那些作用力本身也因而改變了。

　　丹尼爾和法哈的故事給我們兩項重要的啟發。首先，我們以為的現實，其實都只是現實的一種模型。第二，我們所建構的認知模型很可能在很多重要面向上並不完備。

2. 對立並不可怕，矛盾反而是施力點

　　沒有任何模型可以完全反映現實，但所有模型都是從某個角度反映現實。意識到這一點，我們才有機會組合出仍不完整、但更全面的模型。我們能看見之前忽略的考量重點、

沒注意到的因果關係、各種決策架構的可能性。

事實上，對立的模型最能夠為問題提供新的洞見。如果有人對問題的看法跟我一模一樣，我從他身上就學不到新的觀念。雖然彼此認同對方的觀點可能會讓我們感覺良好，但這種安全感也會騙人，因為我們可能同時忽略了某些重要考量。其實法哈和丹尼爾可以從彼此身上學習，但雙方都放棄努力，結果反而傷害了彼此。最具創意及生產力的觀點是把對立的模型視為學習機會，學著去欣賞、感恩與了解。

整合思維者了解，各種認知模型必然會有所牴觸，就像第三章中莎莉和比爾的故事。每次碰到兩人或更多人試圖詮釋現實時，總會發生某些矛盾。每個故事都有參與者及目擊者，也有許多互相對立的現實，我們不需要像法哈與丹尼爾那樣走向衝突。如果你認為只有自己的認知是正確的，就會排斥或忽略其他模型。相反地，如果你認為自己的認知模型只是許多不完美模型中的一個，就能預期一定會碰到互相對立的模型，而不會害怕。

3. 一定有更好的解決方案，只是我們還沒找到

要學會整合思維，首先要培養出一種信念，那就是相信一定有更好的解決方案，只是還沒被發現而已。

廣義上，我們可以用兩種方式看待世界。我稱之為「固守現狀型」（contented model defense）及「樂觀探索型」（optimistic model seeking）。前者是目前最普遍的模型，也是多數人解讀世界的出廠預設值。採取固守現狀思維時，我們會相信一個理論，然後想辦法支持這個理論、為其辯護。隨著我們不斷蒐集支持這個理論的資料，就會愈來愈肯定自己採信的理論就是真理，並且覺得自己已經掌控現實的所有不確定性。[8]

現在，請回想一下電影中法哈和丹尼爾的情節。兩人都陷入固守現狀的思維。法哈迅速建立了丹尼爾是騙子的認知，然後開始找證據：丹尼爾叫他「老兄」、丹尼爾罵髒話、他拒絕回來把門修好，他怒氣沖沖地走人。在法哈心目中，這些行為都證實了丹尼爾是個騙子，甚至是個罪犯。

同時，丹尼爾心中也塑造了法哈無知又無禮的模型，證

據是：法哈罵他是騙子、罵髒話、大吼大叫。這些行為全都
證實丹尼爾對法哈的負面觀感。

當我們一心一意只想證實自己相信的模型時，就不會認
真看待不符合這個模型的資料，更別說是把它們視為考量重
點。當我們採取固守現狀思維，種種尋求真相的努力就會短
路。如果法哈願意，會發現其實有不少訊息可以證實他對丹
尼爾的認知印象並不完全屬實。例如，如果丹尼爾真的是騙
子，為什麼那麼快就表明他願意不收工資？

以丹尼爾的立場來說，他能觀察法哈真實面的資料的確
比較少，但仍然有線索。畢竟，法哈一再要求丹尼爾回去修
鎖，從同理心的角度來看，他是在懇求對方幫忙解決門鎖的
問題，儘管他用的方法不理想。如果丹尼爾並沒有生氣走
人，進一步解說門故障的原因，誤解說不定就能在沒有暴力
的情況下解決。

錢柏林針對這個模型提出反論，他提出科學研究應該避
免「主控理論」（ruling theory）。固守現狀型的人傾向找到
一個主控理論，因為一旦證實了這個單一理論，就可以從此

高枕無憂，不用再面對任何的不確定性。西方盛行的「找出單一正確解答」的教育模式，就是固守現狀思維的一個例子。

對固守現狀型的人來說，其他選項或對立的模型，都被視為必須被排除的問題。其他的理論會威脅到現存模型的真實性，所以必須被摒除、被扭曲。法哈的認知讓他不允許另一種可能：丹尼爾真心想幫他解決問題。丹尼爾提出不收工資，挑戰了法哈的騙子觀點，但法哈不願接受另一種可能，仍拒絕認為丹尼爾有可能抱持純正的意圖。而丹尼爾充滿愛的家庭，會對法哈的認知形成另一種挑戰，但他為了驗證自己的認知，並沒有進一步蒐集這個會影響原認知的資訊。既有的認知模型必須被保護，必須被合理化。

相對於固守現狀型，樂觀探索型是更有生產力的認知模型。樂觀探索型的人認為世界上並沒有正確的答案，只有截至目前為止最佳的答案。美國哲學家查爾斯‧桑德斯‧皮爾斯（Charles Sanders Peirce）將這種態度稱為「可謬論」（fallibilism），認為所有模型都有可能是錯的。[9]但這並不表

示我們應該拒絕目前所有模型，在找到更優秀的模型之前，還是採用當前最佳的模型。可謬論假設，目前最佳模型總有一天會被更好的模型取代，而且這個取代的過程是永無止盡的。

　　樂觀探索型的人追求的不是確定性。他們會不斷測試目前最佳資料，挑戰現存的理論。他們的目標是推翻目前的信念，因為推翻並不代表失敗，而是進步。就像皮爾斯說的，每個新模型都是進步，但也都是不完美的，在未來都會被更好的模型取代。

　　樂觀探索型的思維可以強化整合思維觀點。整合思維者樂於尋找對立的模式，他們把對立模型視為更佳模型一定存在的證據。不像固守現狀型的人面對多個模型時會感到頭疼，他們反而不能接受只有單一模型。他們看得見複雜多元模型的價值，不同的模型代表我們一定可以找到更好的模型。

　　我訪問過的許多整合思維者都很清楚地意識到自己屬於樂觀探索型。紅帽公司的羅伯‧楊很樂於被異於普遍模式的

觀點挑戰與啟發。他說：「當別人放棄某項資產時，就是你
應該買下那個資產的信號。」[10]AIC 的李秦對於不受歡迎的
股票，也採類似觀點。[11]ICICI 銀行的卡曼斯雖然是科技人，
卻一向懷疑科技界的經驗法則。他在 ICICI 銀行的目標，是
把銀行的資訊科技能力提高到國際競爭者的水準，但成本只
有競爭者的十分之一。這等於告訴公司的資訊科技部門，要
拋棄外界一般的標準模型，重新思考如何打造銀行的資訊科
技系統。[12]

　　樂觀探索型的最佳代表或許是加拿大金礦公司
（Goldcorp）前任執行長羅伯・麥克伊文（Rob McEwen）。[13]
麥克伊文在黃金探勘產業已經很有名，他將 Linux 開放源碼
概念應用在採礦業，更讓他知名度大增。他將金礦公司紅湖
礦場（Red Lake）的所有地理資料放上網，提供獎金給找出
最佳採礦位置的人。麥克伊文的競爭對手都覺得他瘋了，但
他沒有放棄。麥克伊文的網路挑戰賽，讓紅湖礦場從業績表
現不佳，變成整個業界生產力最高的金礦場。

　　麥克伊文描述自己決策背後的觀點：「我在找那個最根

深柢固、沒被挑戰過、業界人人習以為常的基本假設。如果找到那個假設，然後開始問問題，就可以看到原本沒看見的機會。如果你可以用與業界不同的方式定義這個問題，就可以創造出別人想像不到的機會。」

麥克伊文的觀點充分展現了樂觀探索型思維，他認為一定有更好的模型。為了培養類似觀點，我們必須先察覺到自己常常傾向於固守現狀，然後努力轉為以樂觀探索看待問題。

第一步，我們要檢驗自己的信念，找出我們如何及為何持有這種信念。通常我們會發現自己都依循固守現狀思維。例如我們經常會借助權威說法，將自己的信念合理化。「我知道這是真的，因為這是上帝希望的方式。」就是個典型策略。把問題歸因於神聖權威，我們就不會尋找眼前的資訊是否有前後不一致或不實之處，因為這樣等於是對神的不敬與褻瀆。

固守現狀型的人也很喜歡「邏輯循環」（logical circularity）這個策略。我們都會告訴自己：「我知道我在那

筆交易中，對他是很公平的，因為我是一個公正的人。」這樣的論述直接把責任推給覺得沒有受到公正對待的人身上。

我們之中多數人都無意識地抱持著這種信念。我在羅特曼管理學院教授的整合思維課程中，學生們要學習檢驗自己信念背後的邏輯。他們經常很驚訝地發現，自己在證據薄弱或毫無證據的情況下，把某些認知模型當做是現實。

4. 我有能力找出更好的解決方案

比起上述三個對世界的觀點，看待自己的觀點更難說明。我們可能認為樂觀探索型比較好，努力想達到這個目標，但這並不是馬上就能做到的事。實際上，想建立這些觀點，經驗是最好的老師。只有透過經驗，我們才能建立信心，而且只有透過經驗，我們才能學會技巧，有信心找到更好的模型、處理複雜問題，並對自己更有耐心。

儘管如此，我們還是可以教學生有意識且有系統地反省自己的思考方式。透過反思，他們學會探究自己決策背後的深層思維、分析藏在決策之下的模式、判定考量重點及因果

關係。透過分析自己的決定，學生可以知道自己在設計解決
方案時，是否有顧及問題的整體，或是像多數人一樣，在過
程中迷失方向，只專注在某一個細節，卻忽略了問題的整
體。

要從我們做的決定及其後果中學習，我們必須明確了解
做決定前的思考歷程。無論是好還是壞，人類的心智很強
大，總是會想辦法將事情合理化。如果事情發展不如預期，
我們會完全忘記導致這個決定的想法。相反地，我們會說服
自己，眼前這個始料未及的結果，就是我們期待的結果。

企業經理人每天都在做這種事。出手投資，期待能賺
錢，當結果令人失望時，他們會勸自己相信，事實上那正是
他們一開始期待的。擊敗這種合理化機制的唯一方法，是把
做某個決策背後的思考歷程，以及後來的結果記錄下來，這
樣才能比對實際結果和原先預期。實際結果和原先預期之間
一定有差異，這些差異提供了寶貴的機會，讓我們看到自己
的思考歷程及我們會犯的特定錯誤。我認為那些錯誤就是從
我們的觀點延伸出的產物。

我們要求學生（有些學生是企業經理人）從探討一個兩難困境，來練習樂觀探索型的思維。我最近為一家國際企業的全球人力資源團隊開設整合思維課程，他們的兩難困境是，公司的訓練發展單位應該全球統一集中，還是依地區或依業務單位分散至各地？

一開始，我先請學生以逆向工程的方法，找出兩個對立模型中的邏輯。我所謂的逆向工程，指的是除了從考量重點、因果關係、決策架構到結論，我希望他們倒推回來思考，從結論往前，還原到最初的考量重點。

當學生們以逆向工程回推某個模型背後的假設時，很重要的事，要找出讓這個模型成立必須有哪些條件，而不是學生認為的條件。花時間去考量每個模型要成立，必須具備哪些條件，讓學生們有機會練習不馬上證實或推翻某個模型。

在人力資源案例中，透過逆向工程發現，中央化模型要成立，必須有幾個條件：不同地區必須有類似的需求；中央訓練單位必須了解每個區域的需求；儘管中央單位在地理位置上和文化上都與各區距離遙遠，中央單位必須取得區域要

角的認同和配合。

對地區化模式而言,就必須要具備其他條件。訓練中心必須能在不具全球規模的情況下,維持合理的成本效益;各區的訓練要具備一致性;各區訓練團隊必須與公司人力資源部門密切接觸,確保各區都有聚焦在公司的整體需求及各種優先要務上。

我接著請學生以兩種方式歸納資料,一組資料是支持必備條件的陳述,另一組則是破壞每則陳述。在練習中,找出不支持假設、顯示反面意見的資料非常重要,有助於防止我們陷入固守現狀的迴路。

如我預期,大家發現兩種訓練模型都不完美。有些資料支持某些必備條件,但其他資料又證明並非如此。例如,如果採中央化模式,中央單位不太可能獲得區域重要人物的支持,區域主管會認為中央單位缺乏彈性,不了解地方需求。同樣地,地區化模式也無法做到符合全公司統一標準的一致性。當我們把反面資料明確地展現出來時,兩種模型的支持者都會承認,自己最支持的模型並非無懈可擊。

　　練習最後，學生更清楚地了解到，最初的兩個模型都不完美。此時，他們已經準備好創造更好的模型了。更重要的是，透過以逆向工程分析兩種模型背後的邏輯，學生看到這兩個模型都是對現實的詮釋，而不是現實。了解了這一點，要發現或設計出更好的模型就容易多了。

　　參與這項課程的學生最後了解到，中央化模式缺乏彈性，無法讓區域組織按顧客需求量身打造服務，而地區化模式又缺乏一致性，不符成本效益。他們也發現，其實不用以一種模型的優點來交換另一種模型的缺點。學生們在課堂上針對這項困境，設計出一套整合型解決方案。經過反覆嘗試與摸索後，他們終於找到更好的模型：設立全球共享的訓練平台，各區域單位可以在平台上以最有效率的方式量身打造符合需求的應用訓練。這個全球平台掌握了規模經濟，可確保公司的訓練一致性，而地區性的應用則確保訓練能符合地方需求，讓各區域覺得自己能夠掌握訓練內容，這是成功的關鍵。

　　事後來看，這個解決方案其實很單純，執行起來也不

難。但在逆向工程練習之前，沒有人想出這個解決方案。

如果人力資源部門始終停留在固守現狀型的思考，也不太可能發現這個解決方案，只會注意到支持自己偏好模型的資料，而忽略對立模型的優點以及自己偏好模型的缺點。但藉著轉換到樂觀探索模式，就能在不受限的情況下，分析對立的兩組模型，獲得創造新模型所需的洞見。透過開發出更新且更好的模型，增加了學生們的信心，不僅相信有更好的模型存在，也相信自己有能力可以找出新的模型。

5. 我能面對複雜情境，找到方法釐清問題

為了幫助學生建立面對複雜情境時的信心與技巧，就像前文提到 IOWH 的哈爾，我們在羅特曼學院的整合思維課程中，帶學生們應用上述人力資源團隊案例中的逆向工程。學生從最終結果往回推，回到創造出結果的行動，及行動背後的思考，我們稱這個過程為「TAO」：「思考」（Thinking）→「行動」（Actions）→「結果」（Outcomes）。

為了引導學生運用上述的推導過程，我和同事要求學生

分組玩經典的企業模擬遊戲。遊戲把大家分成八個團隊，每個團隊都代表一家公司，每家公司的起始點都相同。遊戲時間分成四個時段，代表著每個公司的營運時間都是四年。每一隊自行選擇假想產品的製造地區（四選一）、製造多少數量、花多少廣告費用、研發投資及定價。簡而言之，每隊都必須在有限時間內、在複雜的環境中設計出一套複雜的決策。[14] 每一回合，每隊都會提交新的決策，由電腦模擬演算出結果。

不像許多商學院的模擬練習，這個遊戲複雜度很高，也充滿不確定性。沒有預設的正確答案。很快地，學生們就發現每一隊的決策，在某種程度上都會受其他隊的決策影響。大家都無法預測結果。遊戲結束後，我們要求每隊選出一個他們最失望的結果，並詢問有哪些行動會直接導致不理想的結果？什麼樣的思考會導致哪些行動？

透過倒推，學生了解到自己是在哪個環節遺漏了考量重點，或是在哪裡忽略了重要的因果關係。其中有一隊對於第三年的業績特別不滿意，在分析導致這個結果的行動時，他

們發現，原因出在預設獲利率太高，導致他們最後因為定價問題而被市場淘汰。

錯誤的定價決策是出於單純的太貪心，還是忽略了市場資訊？在倒推思考時，他們發現團隊誤判了前一段時間的價格訊號，以為所有團隊都希望定價一路上升。但事實上，有團隊選擇在第三年把價格壓低，希望提高銷量及市占率。團隊因為沒有全盤考慮競爭環境的複雜性，忽略了某些考量重點，才導致失敗。

參與這堂課的學生很快學到了三件事。第一，他們發現自己很少認真去想自己是如何思考的。第二，他們發現思考自己如何思考、也就是反思這件事，並不容易。每一隊在找出 TAO 的過程遇到很多困難，甚至從行動推到結果的過程也不輕鬆。通常，結果出現了，導致該結果的人卻很快忘了自己做過哪些判斷與行動，馬上把重點放在後續的行動上。

如果要從結果倒推回行動很困難，那麼再從行動倒推回產生行動的思考，就更困難了。無論學生的年齡或學識如何，很少人有反省自己思維方式的經驗。

　　他們學到的第三件事，是了解到反思自己如何思考，有助於改進原本的思考方式。學生完成逆向工程練習時常會驚呼：「我們當時是在想什麼呀？」這種意外又充滿啟發的時刻，就來自於懂得去反思自己如何思考。

　　有一年，學生人數特別多，我們能同時進行兩大組的模擬遊戲。那次的課程歸納出一個「反思思考過程」的重要啟示。當時，每個團隊都面臨一個重要抉擇，必須先決定興建工廠的地點。每個團隊只能蓋一座工廠，可以擴廠，但不能遷移。這時，學生們學到了很重要的事，他們必須把其他團隊可能的選擇也納入考量重點。如果少了這層考量，最顯而易見的決策就是把工廠蓋在北美洲，市場最大，跟其他三個區域比起來平均運送成本也最低。

　　我們當時是同時玩兩組遊戲。在其中一組遊戲中，八個團隊中有四隊把廠址選在北美洲、三隊選在歐洲、一隊選在亞洲。就結果來看是很有生產力的配置。另一組遊戲中，八個團隊全部選在北美洲建廠，導致激烈競爭，最後八個團隊的利潤都低於標準。全部團隊都在北美洲市場內競爭，把削

價當做武器。另一組遊戲中，各團隊最後的累積盈餘都是前一組遊戲各團隊的兩倍。

在後續的討論中，盈餘較少的各團隊才察覺到，他們在選擇廠址時都沒考慮到競爭的各種後果。的確，他們起初沒有想到競爭會侵蝕獲利，直到知道另一組遊戲團隊的盈餘時才發現自己的利潤並不理想。只有在看到兩組遊戲產生完全不同的結果時，我們才意識到應該回推探究自己的思考方式，以及思考之後做出的行動。這時候他們才明白，自己的選擇結果深受遊戲中其他玩家的影響。這次痛苦的教訓成為學生的經驗，透過不斷累積經驗，我們才能愈來愈有信心面對複雜問題。就像其中一位學生說的：「還好這只是遊戲，不是真的錢！」

6. 我給自己足夠的時間創造更好的解決方案

在培養觀點的各個面向上，最困難的或許就是耐心。關於耐心，我一直記得母親的智慧。每次她試著提醒我要有耐心時，總會說：「耐心是美德，很少女性具備，男性完全沒有。」

　　培養耐心，只能從經驗中體會。我們必須看見沒有給自己足夠時間，會導致什麼不理想的結果，再從中學習。前面提到的人力資源團隊及 MBA 學生，都有系統地反思自己的思考方式，但他們在面對新的複雜情境時馬上就能創造出更好的解決方案嗎？幾乎不可能。但練習可以幫助我們建立成為整合思維者所需要的觀點基礎。透過探究自己如何思考，我們更能應對複雜情況。而透過了解不理想的結果是因為錯誤的思考，我們就會更願意花力氣面對複雜情境、設法創造出創新的解決方案。

7

思考的升級

善用認知工具化解衝突，整合思維連點成線

「給我一根夠長的槓桿，一個可施力的支點，
　我就能撐起地球。」

——阿基米德（Archimedes）

　　精算師常開玩笑說，他們跟會計師很像，只是缺少了熱
情的性格。乍看之下，精算師泰迪・布萊契（Taddy
Blecher）很符合這個刻板印象。他是南非創新學校「社區暨
個人發展協會大學」（Community and Individual Development
Agency City Campus, CIDA）的創辦人，1990 年南非精算科

學比賽金牌得主，個子矮小的他戴著厚重眼鏡，皺巴巴的衣服和慢跑鞋顯露出他對時尚毫不在意。但他一開口就完全顛覆刻板印象：

> 當別人用種種理由說服你：『你辦不到』的時候，我們就有機會證明自己真的辦得到。你可以帶孩子遠離貧民窟，讓來自殘破家庭、沒有機會翻身的人離開街頭，過良好的生活，重新融入社會。這些事聽起來都是很嚴重的大問題，好像不可能解決，但其實都可以解決。都有辦法解決！我們有無數得方法可以在撒哈拉沙漠以南非洲創造財富，有無數的工作機會等著大家。[1]

在場觀眾全神貫注地聆聽這位從精算師轉行的社會企業家，就像布道會上一個個待拯救的靈魂。他們在演講後一一走向他，自願為他創辦的大學擔任義工。以一般人對精算師的刻板印象而言，布萊契可能太有個人魅力了。

從無到有打造大學

跟其他整合思維者一樣，布萊契也面臨一個看似只能妥協的困境——南非大批年輕黑人的教育機會。1999 年，種族隔離政策取消後，為許多年輕人開啟新的政治機會，但經濟上仍存在許多不平等。當時年輕黑人的失業率高達 40％以上，幾乎沒有升學機會，這在全國僅有 6％人口有大學文憑的南非，是重大社會問題。

布萊契希望為南非的年輕同胞提供機會，讓他們接受教育，過更好的生活。要解決這個問題，他有兩個選擇：傳統的面授教學，或是新式的遠距教學。布萊契說：「在撒哈拉以南地區，這兩種方式都有優點，也都有非常大的缺點。」

傳統教育有很大的問題：大學是專屬於白人的教育機構，一直以來都只有白人可以進大學念書。南非四百四十萬白人，約占總人口的 9％，其中 65％受過高中教育。而占總人口 75％以上的黑人，卻只有 14％持有高中文憑。

當時的教育機構沒有能力容納眾多之前被拒於大學門外的黑人，費用也是一大問題。[2] 一個人的大學教育費用是每

年超過五千美元，遠高於多數黑人家庭的收入，連政府也無法提供足以改變現況的教育補助。

至於遠距教育，在具備良好教育和電信基礎設施的高度發展國家已經行之有年。積極、基礎好、社會連結夠強的學生，就可以在沒有教授實際引導下順利用遠距方式就學。但種族隔離政策剝奪了黑人學生打下扎實教育基礎的機會，他們幾乎沒有支援網絡，也少有可以模仿看齊的典範人物，年輕黑人幾乎都是家族中第一個念中學的人。面對這種情況，布萊契表示：「我們必須創造第三種模型。」

布萊契運用科技、原創性和活力，在南非著手推動第三種模型，提供年輕黑人原本只給南非年輕白人的支援、輔導和學習機會。他做的第一件事，就是重新思考教育成本結構。樂觀的布萊契並不把財務資源的短缺視為障礙，他告訴自己：「我們並不需要更多錢，而是需要更有創意地思考如何無中生有。」

從無到有的一個範例，就是學校的校舍。校舍建築曾是投資銀行在約翰尼斯堡市中心的總部。多數租戶因為暴力事

件與市區經濟衰退而撤離後，建築物的所有人認為這棟建築已經沒價值了，決定捐給 CIDA 做為校地。[3]

　　為了節省成本，學生自己出力打造自己的學校。每天上課八到九小時，除此之外，學生負責煮飯、打掃，還分擔學校裡的總務維護及行政工作，從中學習未來可應用在職場上的技能。

　　建築系的學生幫忙蓋房子，農學系的學生為校園餐廳種植作物，學觀光的學生經營旅館。地方企業主管免費教授商業及創業的課程，當地企業也捐贈學生使用的電腦、書籍及儀器設備。

　　種種創意節約法讓 CIDA 每個學生每年教育費用降到約一千美元，這是企業和個人捐贈者能負擔的贊助水準。雖然學校的資源仍然非常少，但布萊契持續以無中生有的概念克服困難。

　　1999 年 CIDA 正式開學當天，布萊契遲遲沒收到一名捐贈者答應贊助的電腦。他腦筋一轉，發給每位學生一人一張

印有電腦鍵盤的紙，上打字課的學生就用影本來練習。幾個月後電腦終於送到學校時，學生已經可以很熟練地打字了。

CIDA 全體一起打造出社會支援網絡。每個學生都必須「領養」三十個高中母校的學弟妹，協助他們進入 CIDA。學校期待畢業生在畢業後五年內，能為一名在校生提供獎學金。按布萊契估計，從 1999 年創校以來，上述方法已讓他們順利協助約六十萬名南非年輕人。

創新學府享譽全球

CIDA 目前的規模還不大，只有一萬五千名全時就讀的四年制大學生，外加短期職業進修課程的一萬五千人。但這已經達成布萊契當初希望「打造大學，以及圍繞著這所大學的完整經濟體及社區」的目標。學校可以完全自給自足，並朝向布萊契想像中的全新大學模式前進。CIDA 的願景就是成功「打造一個頂尖、財務精省的教育機構，在學術、個人發展、校友成就、創新、成本、學習速度、科技輔助教學、運動和文化及社會改造等領域達到卓著績效。」

　　布萊契的作為很快就被注意到。CIDA 在 2002 年創新時代大獎（Age of Innovation）中獲頒南非最創新的組織、布萊契也在 2002 年世界經濟論壇（World Economic Forum）獲頒未來領導獎（Global Leader for Tomorrow Award），並在 2006 年獲「史科爾社會企業精神獎」。我們對談時布萊契提到，獎項的價值只在有助於宣傳他的願景——針對非洲現況提出的新式教育系統。

　　到目前為止，你可能已經發現布萊契具備許多整合思維者的特質。他認為既有模型只是模型，並不等於現實，每個模型雖然都有可採用之處，但一定有更好的模型，布萊契相信他一定可以找到更好的模型。雖然過程充滿困難，也需要耐心等待，但他有信心一定可以找到答案。

　　在這一章，我們要深入探討布萊契創造新型教育模式的工具。整合思維有三項最強大的工具。我認為布萊契就運用了其中兩項——「生成性推理」（generative reasoning）及「因果模型建構」（causal modeling）。後面我們也會討論第三項工具「肯定式詢問」（assertive inquiry），同時介紹幾位深具

啟發性的整合思維者。

生成性推理

第一項整合思維工具就是生成性推理，這種推理是問「可能是什麼」（what might be），而不是「是什麼」（what is）。生成性推理可以為你的創新解決方案提供穩固的架構，足以應付現實世界的各種狀況。

大多數人都沒有學過生成性推理，西方教育強調的是「陳述性推理」（declarative reasoning），顧名思義，就是判斷一個特定命題是否為真。這種推理方式透過演繹（deductive）及歸納（inductive）邏輯運作，主導著商業世界的教育與主流論述。

演繹邏輯，也就是應然邏輯（logic of what should be），是我們最早學到的推理——建立一個架構，然後把這個架構套用到一個問題上。我們在生物課學到哺乳類動物都是溫血、胎生的脊椎動物。當老師問，熊是不是哺乳類動物時，我們會使用演繹邏輯來測試這個命題的真實性。熊是胎生

嗎？是。牠們是溫血動物嗎？是。兩個條件都符合，因此我們可以說，熊是哺乳類動物。

現在讓我們用演繹法來看「蛇是哺乳類動物」這個命題。胎生？不是，蛇會下蛋。溫血？不是。因此，蛇不是哺乳類動物。那麼鳥類呢？鳥類是溫血動物，但不是胎生，只符合部分條件，因此，鳥類也不是哺乳類動物。

我們大多數人學過的另一種邏輯是歸納法，也就是實然邏輯（logic of what is operative），從實際經驗觀察而推斷出普遍原則，再針對什麼是真、什麼是假做出結論。當看到太陽每天從東方升起，而不是從西方升起，我們就可以從這項資訊裡得知，太陽永遠從東方升起。這就是歸納法。許多人在商學院學到的市場調查，就是歸納法的一種應用：詢問在統計上具顯著意義的消費者樣本數，就可以從中了解消費者的購物傾向。

隨著教育程度愈來愈高，多數人也學會更複雜的演繹及歸納法，但範圍都仍局限在陳述性推理——分辨陳述命題的真偽。我們幾乎沒接觸過另一種同樣有用的推理形式——

「模態推理」（modal reasoning），利用邏輯尋找可能為真的
事物。許多整合思維者都運用模態推理思考可能發生、目前
還不存在的各種模式，藉此找到創新解決方案。

　　模態推理不僅需要運用演繹及歸納邏輯，也需要皮爾斯
所稱的第三種邏輯：溯因邏輯（abductive logic）。皮爾斯認
為這個概念有助於解釋「創造性的理論」。[4] 對皮爾斯而言，
演繹或歸納邏輯都不能完整說明為什麼會有全新模式產生。
演繹邏輯是以存在的理論或模式做為推理基礎；歸納邏輯則
是從反覆的經驗或實際觀察中推斷結論。但皮爾斯認為，要
發明與創造出全新事物，需要「心智躍升」的邏輯。

　　本質上，溯因邏輯就是針對不符合現行模式的新資料尋
求最佳解釋，也就是試圖創造目前最佳模式。長期下來，演
繹或歸納邏輯可以證明某個模式的真假。但在過渡期間，溯
因邏輯可以找到詮釋資料的最佳解釋。這是為什麼我把運用
溯因邏輯的過程稱為「生成性推理」。這個過程問的是「可
能是什麼」，表達意圖的形式。也就是運用溯因邏輯跳脫現
有資料，生成一個新模式。

　　商業世界充滿了溯因邏輯。管理理論家馬奇和同事觀察到，企業主管通常只能掌握少量數據，就必須做出影響重大的決定。馬奇假設，某家公司在創新上表現一直不佳，他們希望公司對創新的投資能有更好的報酬率。由於過去的成績不好，主管沒有充足的資訊可依歸納邏輯決定創新的最佳模式。也因為之前沒有成功模式，所以無法使用演繹邏輯來判定策略方向是否正確。[5] 碰到這樣的經營問題，就需要靠生成性推理。

從解決方案倒推考量重點

　　西方教育並不是完全不教模態推理和溯因邏輯。有些設計學院會教學生研究使用者未被察覺的需求，然後提出符合需求的設計。但幾乎所有商學院或其偏重理性、量化的左腦學科學生，都沒有這方面的訓練。

　　當多數人還對生成性推理半信半疑，整合思維者已經發現生成性推理不僅在概念上十分合理，實務上更是唯一能創造創意解決方案的工具。生成性推理對於需要不斷試誤、摸

索創新解決方案的工作來說，是不可或缺的工具。當整合思維者反覆嘗試許多測試原型和版本時，他們就是在運用生成性推理（請記得，是從無到有的推理），從解決方案倒推回決策架構，再回推到因果關係和考量重點。許多大型組織或許沒有特別察覺到生成性推理這種提問形式，但他們都需仰賴生成性推理維持競爭優勢。

布萊契創辦 CIDA 的許多決策就屬於生成性推理。他跟所有人一樣觀察到南非多數黑人的處境，貧窮、未受教育、前途沒有希望。但跟別人不一樣的是，他看到許多南非年輕人只要在適當環境下，就有機會茁壯成長。只要伸出援手，許多年輕人可以脫離絕望的處境，甚至還可以回過頭來協助自己的社區，讓南非社會完全改變。他看到印度和中國等其他低收入國家，都創造了社會及經濟的進步，南非也應該做的到。他也看到許多南非企業家創造了前所未見的財富與機會。就像其他整合思維者，布萊契也透過溯因推理找出全新模式。

「扭轉貧窮，不是靠給貧民財務資助，而是要教導貧民

如何創造財富，透過企業家精神真正幫助他們自力更生。我們現在所做的，不只是建造大學，更是協助大家重新找到活下去的理由。」

布萊契在創辦 CIDA 之前並沒有足夠的資訊可以驗證學校是否會成功。他也無法從現有理論或資料中靠演繹或歸納來驗證每一個決策與判斷，布萊契必須靠自己心智上的躍升，預想未來可能的發展狀況。接下來，我會再詳細說明生成性推理的過程。

迎接生成性推理帶來的新衝擊

我和同事在羅特曼學院教 MBA 的學生練習以生成性的方式推理，包括如何找出不符合現行模型的洞見，並從中想像出新的模型。我們也教學生透過不斷改善收集更多資訊，將腦中的想法變成原型。很多學生覺得這個過程很嚇人，習慣演繹及歸納邏輯後，溯因邏輯確實是很大的轉變。我總是很高興看到學生終於發現生成性推理並不是全面推翻我們熟知的世界，反而是開啟許多新的可能性。

　　在教這堂課時，我們會用企業經理人當下面臨的兩難做為模擬挑戰。最近有一組經理人來自美髮業，他們想擴大自家造型產品的市占率。有一天晚上，我們安排他們參觀一家美髮沙龍，觀察一群女性顧客接受造型的過程。隔天早上，這些經理人再深度訪談前一晚去沙龍的顧客。

　　這項練習的目的是讓經理人更深層地了解使用者對服務的體驗。經理人不需要蒐集到統計上有效的大量數據，相反地，我們希望他們深入了解產品的終端使用者。之後，我們請這些經理人根據訪談的內容，針對那群女性顧客的需求改善他們的產品。換句話說，我們要求學生們從他們對訪談內容的理解，回推出一個「最佳解釋」──比目前市面上產品都更符合顧客需求的新產品。我們與學生一起建立原型、反覆改善，直到可以給目標消費群，也就是那家沙龍的女顧客進行測試。

　　羅特曼學院的 MBA 學生透過企業或非營利機構面臨的挑戰，來磨練溯因推理技巧。就跟前面的美髮業經理人一樣，學生們藉由練習，更了解特定產品或服務的使用者。我

們再請學生想像如何以創新的方法提供產品或服務，並且勾勒出新產品或新服務的原型。不管是 MBA 學生或是經驗豐富的資深經理人，都覺得這樣的練習很違反他們的習慣。他們已經對世界有一套既定的認知，也一向習慣以演繹法和歸納法確認那一套認知。因此，當被要求要刻意地去找出那些不符合認知的資訊，就讓他們很不自在。

不過，經過練習後，他們在面對反面資訊時，防禦心不再那麼高，也愈來愈期待發現不一樣的新洞見、創造新東西。過去被視威脅的挑戰，現在已變成令人興奮的遊戲。

建構精密的因果模式

整合思維的第二項工具，布萊契也曾在前面的案例中展現，就是因果模式建構。精密的因果模型，是整合思維過程中因果關係及決策架構這兩項步驟的關鍵基礎。回想一下，在分析因果關係的步驟中，我們必須考量非線性、多方的因果關係。而在建立決策架構的步驟中，我們必須從整體的角度考量環環相扣的因果關係，並同時設法解決細節問題。

　　要建構出精密的模型，我們就必須主動取得對的工具。如果只是要建構基本的心智模型，就相對簡單，因為人類天生就會建立模型，我們的出廠預設值就是自動將各種經驗匯總到心智模型。麻省理工史隆管理學院的頂尖思想家史德門說：「你會自然而然、無意識地建構心智模型，差別只在你選擇哪種模型，有時候我們連自己正在使用哪個模型都沒察覺。」[6] 整合思維者與一般人不同的點在於，他們是有意識地在選擇要運用哪些工具建構模型。

　　有兩種因果關係很重要。第一種是實質因果關係（material causation），也就是在一組特定情況下，x 會影響 y，例如把產品定價訂得比競爭對手的價格低 10%（x），市占率（y）就會上升。

　　第二種形式是目的論因果關係（teleological causation），也就是問：「y 的目的是什麼？」或「為什麼希望 y 發生？」假設你是企業執行長，希望透過提高產品市占率擴大公司規模、創造獲利。建構因果模型時，實質因果關係和目的論因果關係就會連結事情的現狀，以及最終的理想狀態。實質因

果關係就是，我們知道按下按鈕，就能關閉核子反應爐；而
目的論因果關係則是，如果想關閉核子反應爐，就要按下按
鈕。當我們因為想關閉核子反應爐而按下按鈕時，就是在運
用實質因果關係，達成目的論因果關係。我們的目標是把現
狀（過熱的核子反應爐）變成最終理想狀態（冷卻的核子反
應爐），方法則是透過一連串的實質因果關係推導。

對布萊契來說，他面對的現狀是眼前眾多弱勢、被剝奪
的年輕黑人，他們沒有希望也沒有機會。他最終的理想狀態
是這些年輕人都能擁有自尊與各種能力。做為整合思維者，
他的任務就是打造出一套因果模型，讓現狀轉變為最佳理想
狀態。

布萊契想像的實質因果關係，就是提供學生所需的工
具，讓他們更了解世界，能夠進一步為世界做出貢獻。布萊
契說：「這個過程真正讓學生覺得自己有能力改變，幫助他
們建立自信。」但這個實質因果關係有一些特定的條件，他
說：「需要提供非常特殊的教育環境，以極大的愛心、全面
地給學生機會，徹底改變他們對自己的感受。」

系統動力學——管理複雜因果關係

布萊契成立 CIDA 的行動背後，有一套具體的因果模型。做為整合思維者，布萊契必須深入且仔細地設想因果關係，確保他腦中的願景有辦法在現實情境下實際運作。面對這種挑戰時，一種叫做系統動力學（system dynamics）的工具就能派上用場。

系統動力學是一個描述複雜系統活動的理論，由麻省理工學院的傑伊‧佛瑞斯特（Jay Forrester）在 1960 年代初期提出。他把這套源自工程領域的工具應用到企業界。[7] 系統動力學主張，決策結果多半令人失望，是因為我們忽略了重要的因果關係，或是錯誤解讀因果關係，例如將非線性、多向的因果關係假設成單向或線性的關係。

系統動力學的其中一個重點是一種特定的因果關係：多向的反饋迴路會加速各變數之間的關係。舉例來說，旅館開發商時常碰到一個困境，在高房價市場開新旅館後，房間定價後來多半會下滑，因為新旅館提高了當地住房總數。經營者常見的回應就是開始降低成本及房價，但這項決策通常會

傷害旅館的高級形象，影響入住率及獲利，讓旅館被迫進入另一回合的成本及房價戰，再次影響入住率及獲利。幾回合之後，惡性循環愈來愈嚴重，直到破產。

系統動力學專家稱此為「加速反饋迴路」。如果無法考量非線性、多方向的因果關係，就無法精確建構出各變數間的動態模型。系統動力學工具可以協助整合思維者在建立模型時考量複雜的因果迴路、著眼於整體。事實上，系統動力學特別重視隨時掌握整體，才能了解所有相關的因果反饋迴路。

布萊契創立 CIDA 的模型中，就具備這種反饋迴路。他希望 CIDA 是自籌財源、自力發展的大學社區，有許多由學生領導的企業，整個社區因這些企業而成長，這種觀點就設定了教育與商業之間的反饋迴路。當學生認養三十名高中母校的學弟妹，就形成另一個反饋迴路。另外，布萊契偏好無中生有的做法則是第三個加速進展的反饋迴路，資源不斷累積，為學校帶進更多資源，造就了最終理想的教育機構。

輻射比喻有助於全方位思考

因果模型及生成性推理結合起來，就形成整合思維者工具箱裡最實用的工具。生成性推理讓我們懂得考量與現行模型不一致的資訊，建構出新模型。建構新模型的一個工具，是語言學家喬治・雷可夫（George Lakoff）和哲學家馬克・詹森（Mark Johnson）所說的「輻射比喻」（radial metaphors）：先想一個比喻，再圍繞著這個比喻建構模型。[8]

例如，一般人常用幾個比喻描述企業組織，其中一個就是運動團隊，員工是隊員，企業競爭就是比賽，業界規範及企業倫理就是比賽規則，消費者則是球迷。另一個常見比喻是家族，資深主管是家長，員工是子女，組織的任務就是教養培育，資源則是愛和情感，資源的配置是根據行為恰當與否。此外，也有人把企業組織比喻為軍隊、市場及生態系統。

輻射比喻能以兩種形式協助整合思維者。首先，它能幫助整合思維者以有利於創造新模型的方式設想情境。就此而言，輻射比喻是本書前半部強調的高效率工具之一。輻射比

喻也可以幫助整合思維者同時顧及整體與細節，這種大小兼顧的技巧對整合思維者極為重要，而輻射比喻就能幫上忙。

布萊契在創辦 CIDA 時用的輻射比喻就是家庭。CIDA 是用心栽培子女的家長，學生則是在家長關愛下成長的孩子。布萊契很重視愛心與情感在教育上的角色，但除了愛心，學校也需要紀律，CIDA 的學生如果想繼續在這個家庭成長，也必須遵守許多規定。

布萊契創辦 CIDA 的因果模型有三個層次。最底層是目的論及實質因果模型：年輕人可透過教育實現自我期許及自我價值。往上一層，布萊契運用系統動力學的概念，善用學生與社區之間的反饋迴路：快樂、積極、成功的學生以及他們生活、工作、建立人際關係的社區。最高一層就是 CIDA 的輻射比喻——「家庭」。

這三層因果模型提供布萊契新的洞見，讓他能建立全新的模型，解決眼前的困境。因果模型讓布萊契看見相關變數之間更複雜的因果關係，並且能在顧及整體的前提下，解決細節問題。

在羅特曼學院，我們也讓學生練習三層次的因果模型。最簡單的一種練習就是請學生以逆向工程倒推自己的模型。我們請學生挑選自己的一個信念（好成績有助於找到好工作）或行為（每週五早上舉行團隊會議），再練習拆解這個信念或行為背後潛藏的因果關係。練習能幫助學生了解到，自己已經在無意識的狀況下使用因果模型了。也讓學生發現，更明確地掌握自己使用的因果模型，效果可能會更好。

學生接著也要訪問別人，了解別人的信念或行為背後的因果模型。這項練習需要猜別人的邏輯，許多學生都覺得很具挑戰性。有位學生訪問一位女同學，為什麼在婚禮前一週決定解除婚約。我的學生在想像受訪者的因果模型時，都把重點設定在實際面，可能是兩位新人的職涯規劃不合，或者兩人想在不同的城市工作。

然而，與受訪者討論後，學生很快就發現，他預設的模式無法提供具說服力的完整解釋，因為沒有考慮到在這個決定中，情緒層面也跟實際條件一樣重要。

學生從這些訪談學到，要考量到做決定的是每個不同的

個體、大家各抱有期望及夢想，在這麼多變數的複雜情況下
建構因果模型是很困難的事。也讓學生開始了解到必須培養
能力，以寬廣的視角看待問題的考量重點、理解複雜的因果
關係，以及處理細節的同時能顧及整體。

我們希望修完課的學生可以具備三項能力。第一，相信
自己有能力清楚建構因果模型；第二，能明確意識到自己建
立因果模型的過程，有助於提升效率。最後，學會運用系統
動力學及輻射比喻等工具建立更複雜的因果模型。

肯定式詢問

整合思維者的第三項重要工具是肯定式詢問，用來探究
對立矛盾的模型，特別是與自己意見相反的觀點。

與他人溝通時，我們通常會擁護自己的心智模型，對抗
其他人的批評和挑戰。我們會花費全部的力氣為自己的觀點
辯護。如此雖然可以讓我們更了解自己的觀點，卻完全無助
於我們理解別人腦袋裡的觀點。事實上，捍衛自己立場的態
度會導致我們無法理解別人的想法，也得不到任何化解對

立、找出創新解決方案的線索。

詢問是辯護最好的解藥，透過詢問，我們才能產生有意義的對話。當我們試著運用肯定式詢問來了解別人的觀點時，你會發現之前沒想過的考量重點，以及過去從未察覺的因果關係。你或許不會想採用別人的觀點，但就算是最不吸引人的觀點，也能提供一點線索，幫助我們找到新的考量重點或因果關係、找出創新解決方案。

肯定式詢問不是要爭論或追根究底，也不是誘導性提問（「你不覺得……？」）或是勸阻式挑戰（「難道你不同意……？」）。肯定式詢問是誠懇地探索他人的觀點（「你可以幫助我了解你為什麼有這些看法嗎？」）以及試圖填補認知上的落差（「你可以用舉例或圖表，幫助我釐清這個論點嗎？」）肯定式詢問是在尋求對立模型之間的共通點（「你現在說的和我剛才提出的，有沒有哪些部分是一致的？」）。

肯定式詢問並不是在挑戰對方，而是方向明確的溝通。目標是明確地探究自己與他人的觀點，了解他人的考量重點和因果關係地圖，並運用從中得來的洞見，為雙方衝突的模

型創造新的解決方案。

肯定式詢問能促進生成性推理及因果模型。透過肯定式詢問，我們更能運用生成性推理拆解兩個對立模型，再整合出更好的模型。肯定式詢問也可以讓我們獲得更多資訊、更多實質及目的論上的因果連結，建構出更穩固的因果模型。

我們希望學生能對別人的觀點感到好奇。許多人並不熱中別人怎麼想，對他們來說，對立模型始終代表衝突、傷感情、誤會。我們的任務是協助他們正面看待不同觀點引發的對立，進而從衝突中找出有價值的解決方案。

我們試著教學生在面臨對立時展開有效的對話。我們用的教學工具是「個人案例」（personal case），這是由組織學習領域的頂尖思想家、哈佛商學院榮譽教授克里斯‧阿吉瑞斯（Chris Argytis）提出的方法。[9] 我們請學生回想過去跟別人因觀點或立場不同而起的衝突。而且，這種衝突必須是以鬧翻收場，雙方都各持己見。也就是說，結果會比學生在溝通前預期的還差。如果別人認為溝通破局，但學生自認有成功地交涉，學生在心態上就會與失敗的結果畫清界線，例

如：「我覺得結果很成功，但其他人不這麼認為。」，如此一來，學習效果就會大減。

我們請學生以一兩段話說明那次溝通失敗經驗的最初想達成的目的，再以一兩段話說明為什麼希望那次互動可以達到目標，以及如何達成。接著，請他們盡可能記錄下當時的實際對話，並以戲劇對白的方式描述。我們請學生把作業紙分成兩部分，記下當時的溝通對白，也寫下當時未說出口的想法及感受。最後，請學生針對互動結果寫下感想。

我們以小組討論每個個案，時間約一小時。討論的目的是協助學生診斷當時互動中，哪裡出了問題，又是如何造成不理想的結果，以及如何更有效地處理對立情況。在練習最後，希望學生能更清楚地了解，如何從直接觀察所得的資料中建構出結論，最終得出雙贏的解決方案。我們以 MBA 學生的實際練習為例，請參考下面「溝通破局案例」。為保護隱私，案例中的人名及部分細節已經過改寫。

溝通破局案例

以下案例是 MBA 學生菲利普經歷的一場痛苦衝突。衝突中每個人，包括菲利普在內，都固守自己的觀點不肯讓步，導致結果與菲利普的期望目標相去甚遠。

溝通的目的

大學剛畢業，我就跟朋友丹尼斯、亞隆開了家小型網路顧問公司。衝突發生在公司成立後一年多。當時公司算是經營得不錯，都可以支持我們每個人的生活。但我們都覺得公司在過去幾個月發展停滯，跟最初想達到的「超級成功」相比，我們好像變成只是在經營一家可以養活自己的公司。

我們認為停滯的主因在於我們沒有正式分割公司所有權。由於公司登記在丹尼斯名下，所以他不願意冒險，採取我跟亞隆都感興趣、可讓公司成長的策略。另外一方面，亞隆和我一開始非常拼命為公司打基礎，但現在我們都不願意為公司付出了，除非確保自己能公平分到股權。那次溝通的目的，是公平地分配公司所有權，我們才可以往前邁進。

我想達成什麼目標、我希望怎麼做

我承認丹尼斯是絕頂聰明的人，也率先創辦公司，所以公司分所有權時，他應該可以拿到三人均分的最多。但我認為公司基本上是三人共同創辦的新事業，我希望所有權反映這項事實，丹尼斯、亞隆和我的持股比例應該為 40%、30%、30%，或至少要很接近這個比例。

我希望透過說明我的理由及觀點來達成目標。我認為三人目前為止投入的時間和做出的貢獻，是股分應該均分的證明，而且除非確認所有權分配，否則公司很難走下去。

我們實際上說了什麼

菲利普： 我認為，我們該討論的是要用哪一種方式分配股權：是其中一人與另兩人明顯不同，還是三人基本上平分，根據能力與貢獻略而微調？

丹尼斯： 我覺得以我目前為止對公司的貢獻，理所當然該分到最多股份。按現狀來說，我能百分之百控制公司，我為什麼需要改變現狀？萬一你們聯合起來對付我怎麼辦？

我沒說出來的想法或感受

丹尼斯，沒錯，你很優秀，但你也沒比我們優秀多少。更何況，去年你還在學校完成最後一年學業期間，是我在維持公司的營運。

菲利普： 就每個人目前為止對公司的貢獻，我不同意你的看法。我認為每個人都全心投入公司。至於你不想變更公司股權的看法，請站在我們的立場想一想，我和亞隆的處境更糟！

現在的情況其實是你一個人在對付我們兩個！

丹尼斯： 我不接受你的主張。既然我目前是老闆，當然以我的看法為主。無論你和亞隆有什麼理由要改變現狀，我都無法接受。

我沒說出來的想法或感受

你總覺得你最特別，不是嗎？我一直知道你是控制狂，但我現在真正體會到你控制狂的程度了。

菲利普： 我不能代替亞隆發言，但我可以說，到現在為止都讓你完全持股，是因為都還沒有影響到公司實際營運。

但我們現在正處於成長初期，應該要冒更大風險，追求比過去更大的獲利。如果有機會賺大錢，我希望得到我應得的一份。但我認為最根本的問題是這家公司的未來。我覺得公司接下來會需要我的能力，如果得不到合理的股份，我不打算繼續為公司拚命。

丹尼斯： 我不同意，我認為公司就算沒有分散股權，也能發展。

亞　隆：我覺得很清楚了，丹尼斯不打算改變原本的狀態。我無所謂。如果這是他想要的，那就這樣吧。

> **我沒說出來的想法或感受**
>
> 丹尼斯，你這個白癡！你真的這樣想嗎？這到底只是談判手段，還是你真的自我感覺良好到脫離現實了？
>
> 亞隆，你在幹嘛！你不懂我也是在為你爭取利益嗎？噢，我懂了。你退縮是因為你擔心下個月付不出房租，你真沒膽！

菲利普：既然這樣，我認為這家公司前途不會好，我必須思考對自己最好的是什麼，我會開始找哪裡可以有更好的發展。

> **我在意的事**
>
> 那次會議後不到一個月，我進某家大型資訊科技公司任職，丹尼斯和亞隆則留在網路顧問業。三年後，那家公司關門大吉，丹尼斯進商學院念 MBA，亞隆決定轉行，尋找他感興趣的創意事業。他們把客戶名單賣了，丹尼斯和亞隆因此賺了一筆。那三年，公司規模並沒有成長到我們一開始預期的水準，但還是有一些員工。
>
> 我在意的點是，雖然我相信大家的出發點都是自利，但面對這種情況時，我是否還有別的方法可以讓他人理解我的立場或許對大家都有好處？畢竟，就算丹尼斯擁有百分之百的股權，但小公司的百分之百仍然很小。碰到這樣的狀況時，我可以如何處理？還是我從頭到尾都想錯了？

以肯定式詢問化解僵局

很顯然，這樣的互動只會強化菲利普對衝突的反感。他描述的這次溝通可能會讓他沒有自信處理互相對立的觀點，達成積極的解決方案。

根據菲利普的說法，丹尼斯在這場衝突占了上風，他堅持現狀沒有什麼不好，不覺得有必要改變，菲利普只能問：「面對這樣的想法，我能怎麼辦？」

菲利普的問題的確有解答：在面對對立的模型時，不要一味主張自我想法，試試看其他方法。上面的溝通中，菲利普和丹尼斯都沒有詢問對方的觀點。丹尼斯的兩個反問句（「我為什麼需要改變現狀？萬一你們聯合起來對付我怎麼辦？」）都是關閉溝通的可能、而非開啟對話。這些回答只會反覆強調丹尼斯自己的立場，顯示他對於其他人的立場毫無興趣。

拜西方教育體制所賜，菲利普和丹尼斯都很擅長辯論。兩人從頭到尾都積極地為自己的觀點辯護，希望對方接受自己的看法。當對方不接受時，他們就更賣力地表達自己的觀

點，或是駁斥對方的論點。彼此給對方的信號都是沒興趣了
解對方思維中的考量重點，以及對方在意的事。

菲利普記錄下來的這段對話很值得注意，我們可以看到
溝通過程中，情緒愈來愈激烈，菲利普對丹尼斯的描述從
「優秀」到「控制狂」，再到「白癡」。實際對話中，怒氣也
愈來愈重，不只是激動言語（「我不打算繼續為公司拚
命」），立場也愈加極端（「我必須思考對自己最好的是什
麼」）。雙方堅持為自己辯護，點燃了怒火，又引爆更多的激
辯和憤怒，惡性循環下，走向糟糕的結局。

因為雙方都沒有積極了解對方的想法，這場衝突不可能
產生有創意的解決方案。創意解決方案必須有一方發現更多
考量重點、更多或不同的因果關係。反覆重申或辯解並不能
擴大原本的考量重點、無法看見更細微的因果關係，也無法
建立整體的決策架構，反而是排擠了創意解決方案必要的各
種條件。

肯定式詢問是化解僵局的必要工具。如果丹尼斯對菲利
普的開場白是這樣回應的，之後的對話一定很不一樣：「我

了解你覺得在事業上的經濟報酬太低。那管理面呢？你也覺得你對公司的管理權太少嗎？還是你的考量主要是在財務報酬面？」相同地，非利普如果可以這樣回應丹尼斯的回應，情況也一定會改觀：「我了解管理對你而言很重要。我有兩個問題，你也同意我在公司目前的財務報酬太低了，對嗎？我有誤解你的意思嗎？第二，你可以多告訴我們一些，如果跟我和亞隆分享公司的管理權，你在意的點有哪些？」上述兩段回應同時表達自我立場（重覆對方的論點），也包含了肯定式詢問（試圖理解丹尼斯的考量重點及因果關係）。

這樣的肯定式詢問在很多層面都極具價值。首先，它開啟了新的考量重點及因果關係，其中就藏著創新解決方案的可能。同時，肯定式詢問也為理念互相衝突的雙方鋪設積極溝通的道路。讓雙方知道彼此都有試著了解對方的想法，這樣一來，雙方都會更有意願與動力尋找創新的解決方案。

要為眼前案例的衝突找出創意解決方案，其實不難。非利普在意的是增加個人從企業獲得的財務報酬，丹尼斯則想繼續主掌管理。兩個目標並非完全牴觸。他們只需要一個雙

重結構，讓丹尼斯繼續享有主要決策權，同時增加菲利普在公司內的財務報酬。如果兩人不一直為自己觀點辯護，或許就可以找到解決方案。

個人案例有助於學生了解，肯定式詢問可讓他們超越單純的自我主張及辯論。在溝通中放入詢問，學生學到如何整合思維：從乍看毫無出路的衝突中，找出解決方案。肯定式詢問讓整合思維者有表達觀點的施力點。而下一章，我們將詳談「經驗」，看經驗如何幫助整合思維者善用工具，創造長期的影響力。

8
以經驗深化優勢
用過去開創未來，不斷創造更佳決策

「我經常做我不會的事，這樣才能學會做那些事的方法。」

——畢卡索（Pablo Picasso）

　　我與寶僑前執行長雷富禮長達八小時的訪談近尾聲時，我對他縝密的思維與各種實務經驗，留下非常深刻的印象。[1] 聽他談過去三十三年的決策經驗，從管理美國海軍零售單位、到 2000 年起擔任寶僑執行長，雷富禮累積並善用豐富的經驗，成為非常熟練的整合思維者。最令人佩服的是，他

不僅利用經驗深化自己的優勢，更從經驗中培養自己的創新能力。

雷富禮的管理生涯始於 1972 年，當時他仍在海軍服役。他在東京南方不遠處的厚木海軍基地，負責海軍合作社的營運。雷富禮抵達厚木海軍基地不久後，合作社原本的經理突然心臟病發，接手的助理經理不久後又被調到美國另一個更大的合作社。突然之間，這個自稱「沒有任何商業知識或經驗」的二十四歲小子，就開始管理海軍合作社，為基地內數千名軍人及大東京地區所有的美軍人員服務。

雖然缺乏工具及經驗，年輕的雷富禮面對合作社的生意仍抱持樂觀的觀點。他仔細觀察顧客，想了解他們是誰、為什麼來合作社消費。他知道，當海軍人員上岸到東京休假時，會想買相機及音響設備，如果被推銷，也可能在離開前掏錢買香水。他發現，長期居住在基地的美軍家眷以買日用品為優先，其次才會考慮購買奢侈品，外來訪客的消費行為則剛好相反。

雷富禮也注意到，來合作社消費的顧客都必須出示海軍

證件，讓他可以方便地蒐集到顧客消費資料，根據資料調整合作社內的商品及定價。他很開心地回憶：「我們從那時候就在做資料探勘！」過去從來沒有人懂得收集、利用這些顧客資料。

因為雷富禮想要強化自己在零售業的專業，所以他很刻意地累積經驗。他有系統地蒐集資料，再根據資料規劃業務，創造出期望業績。每次推出促銷方案時，他都希望能預測業績成果。當航空母艦靠岸、美軍離艦休假時，他希望合作社已經準備好這群客戶會想要的商品。雷富禮不斷累積經驗，讓他深入了解商業運作，也能精確地預測業績。換句話說，雷富禮刻意、有計劃地累積經驗，培養自己在零售業的專業度。

隨著雷富禮不斷策劃、組織及分析資料，加深專業能力的同時，他也不斷嘗試新的策略。這種創新力經常表現在雷富禮的行銷決策。海軍合作社裡的商品多半是美國品牌，在世界上每個合作社都買得到，但各地的合作社經理都獲准採購部分的當地商品。一般的經理可能會把「當地」定義為東

京附近的地區，但雷富禮把「當地」看成整個遠東地區。他認識一些經常駕駛貨機到西貢的飛行員，他們返回厚木基地時，貨機通常都是空的。於是，他說服飛行員從他認識的某個越南工廠，載回裝滿一架貨機的陶瓷大象工藝品。

雷富禮在基地發送陶瓷大象的廣告單，也在合作社旁的足球場展示產品。開賣當天早上，許多人在合作社營業前兩小時就開始排隊，一開賣就衝進拍賣場裡搶購。不到幾分鐘，雷富禮的陶瓷大象被一掃而空。他微笑地回憶道：「令人不敢置信。大家爭相搶購。場面很瘋狂！」

還有一次，雷富禮聽到另一位合作社經理說燃料價格即將飆漲，也就是 1973 年第一次石油危機前夕。他馬上徵用基地油庫中每一個封存的儲油槽，並以免費啤酒交換，請基地工程隊幫忙清洗槽內的沉澱物，確保每個油槽都能加到最滿。雷富禮接著到任何他想得到的地方收購汽油，等到汽油價格上漲，他有好幾個月的時間都能以低於市價的價格賣汽油，讓合作社生意絡繹不絕。他將這個特殊經歷歸功於「抓準商機」。

在海軍合作社的各種經驗，讓雷富禮的創新能力不斷提升。為了抓住眼前的機會，他必須學會隨機應變、保持彈性、開放、不斷實驗、迅速掌握稍縱即逝的機會。零售產業不斷變化的顧客樣貌與快速變遷的環境，提供大量的實務經驗，增強了他的創新力與行動力。

隨機應變、實驗、彈性與開放態度，都是整合思維者的特質，這些特質能培養創新能力，同時深化領域專業度。然而，我們通常衡量專業度的標準：組織、規劃、專注、重覆創造績效等等特質，表面上看起來都與創新能力相反。雷富禮從擔任管理者的第一天開始，就刻意地累積實務經驗，同時強化兩種能力——創新力與專業度，而沒有偏廢任何一種能力。

消費者的視角

經營海軍基地合作社的經驗，形塑了雷富禮看待自己的觀點：他是能解決問題的企業經理人。這個觀點讓雷富禮相信，如果想持續進步，他的工具就必須升級。於是，雷富禮

選擇到哈佛大學商學院深造，1977 年畢業後就進入寶僑擔任 Joy 洗碗精的品牌副理，之後十六年，他經歷了的汰漬、Cheer、Downy、Bounce 等清潔產品，最終成為寶僑集團內最大、最賺錢部門的總裁。

在這段期間，雷富禮繼續強化他的創新能力與專業度，並且繼續研究消費者行為，這是從海軍合作社起就開始的習慣。深入了解消費者行為，讓他在 1984 年寶僑內部的一項爭議中勝出，當時公司內正在爭論如何命名新的液態汰漬洗衣劑。

通常，當寶僑研發出跟現有產品相比有較大創新的商品時，就會為新產品取全新的名字。例如，當寶僑推出清潔硬面地板的新式拖把時，就重新命名為「速易潔」（Swiffer）靜電除塵拖把，而不是沿用原本硬面清潔產品的「清潔先生」（Mr. Clean）。因此，就寶僑的傳統而言，的確應該為液態的汰漬洗衣精取一個新的名字。

但雷富禮看到了一個打破慣例的好理由，他說：「我們都知道，粉末狀的汰漬是去除土壤微粒專用，而液態的汰漬

則是專門去除食品油垢。」雷富禮在自已家中使用過好幾次洗衣產品,他非常清楚,這種區別只有研發出洗衣精的科學家會知道。他說:「問題是,消費者會怎麼看這個產品?」消費者會想,這種洗衣精跟原本可靠的汰漬洗衣粉一樣,只是換成更方便的形式。既然如此,何不就叫汰漬洗衣精(liquid Tide)?

雷富禮的邏輯最後勝出,汰漬洗衣精終於上市。二十年內,美國洗衣精的市場成長為洗衣粉的三倍,而汰漬洗衣粉與洗衣精的市占率更超過市場第二大品牌的四倍。如果當初洗衣精換上新名稱,汰漬不太可能成為洗衣類產品中的高辨識度品牌。汰漬洗衣精就這樣風行市場六十年,遠勝過其他品牌,穩坐洗衣精品牌龍頭的寶座。

雷富禮的專業度幫助他在洗衣產品命名上做出正確決策,而他的創新能力則是在另一個事件中發揮作用。1993年,寶僑研發團隊發明了一種方法,把鬆軟的洗衣粉微粒壓縮成不到原先一半的體積。這樣一來,洗衣粉紙盒不管在零售店貨架、運輸貨櫃或家庭的洗衣間裡,都可以減少很多占

據空間。

寶僑遵循一貫市場測試做法，請消費者先試用新的洗衣粉。令人意外的是，測試結果顯示消費者並不會偏愛濃縮洗衣粉，儘管對雷富禮和同事來說，濃縮洗衣粉的優點很明顯。

測試結果讓這項產品的前途蒙上陰影。寶僑的原則是，除非多數消費者都認為新產品明顯優於舊產品，否則就不會上市。對於像雷富禮這種了解消費者的專家來說，測試結果代表應該判濃縮洗衣粉出局。

但雷富禮有所疑慮。寶僑的經驗顯示，不應該推出濃縮洗衣粉。但這一回，具備創新力的雷富禮試著找出原本沒看見的重點，可能可以改變公司的決定。雷富禮看出，濃縮洗衣粉能為零售業者省下可觀的成本，這一點就跟多數的升級產品不一樣。包裝變小，讓零售業者只需要一半的貨架及倉儲空間就能獲得等值的業績，對業者是很誘人的成本效益。先不管消費者怎麼想，零售業者一定會喜歡這個產品，寶僑的製造及物流單位也能獲得相同的成本效益。

　　但消費者呢？量化研究顯示，濃縮洗衣粉並非消費者心目中的首選，但也不是明顯的輸家。測試結果顯示消費者反應平平，寶僑通常不會讓這樣的新產品上市，但雷富禮決定看得更深入一點，觀察少數自願填寫回饋的消費者提供了哪些意見。這些意見在統計上不具重要性，也沒有納入寶僑的考慮中，但對於知道如何解讀的人而言，這些意見提供了有關消費者感受的豐富資訊，甚至能找到比量化問卷更深入的洞見。

　　雷富禮利用晚上跟週末細讀四百多份消費者手寫的回饋意見，得出一個結論：雖然消費者對濃縮洗衣粉不太熱中，但很少人表達討厭這個產品。事實上，在主動提供意見的人當中，有超過八成的人寫出至少一項濃縮洗衣粉的優點。

　　雷富禮從資料中得出結論：零售商喜歡濃縮洗衣粉，寶僑製造部門也會獲利，大部分消費者最差也有中立。因此，儘管缺乏決定性的消費者支持，雷富禮仍決定把洗衣粉都改成濃縮包裝。這是一項大工程，寶僑需要撥出二億五千萬美元資金，是截至當時為止雷富禮最大的一筆投資。

　　結果寶僑贏得了一次勝利。雷富禮說：「我們贏了。打了一場勝仗。」大贏的背後，也代表雷富禮當時也冒了很大的風險。如果失敗，可能讓他連工作都不保。但一路累積的專業度及創新力讓雷富禮有信心冒險。如果雷富禮只加強自己的專業度，市場測試結果就會讓他相信不該改包裝。雷富禮相當尊重量化研究結果，寶僑的量化研究也一向很有名，但雷富禮不只靠資料下決策，他說：「我相信判斷，研究只是判斷的一種輔助。」

　　單有創新力，也不能提供決策基礎。雷富禮必須統籌先前累積的所有專業經驗，藉此了解消費者有哪些回饋、零售商會如何回應，以及對寶僑製造及分銷部門會造成什麼影響。少了專業，雷富禮的創新就禁不起真實世界的考驗。

　　雷富禮在濃縮洗衣產品上的成功決策，讓他在 1994 年升任寶僑亞太區總裁。他回到日本，這個讓他在零售業嶄露頭角的地方。這時的他已經在寶僑累積了多年管理經驗，可以純熟運用專業和創新力。藉由不斷累積的經驗，雷富禮也非常會掌握消費者及競爭策略等許多工具。隨著能力的拓

展，這些經驗又強化了他的觀點──成為有能力挑戰複雜問題、將矛盾化為創意解決方案的經理人。

日本為雷富禮提供了許多機會，讓他充分發揮多年累積的專業度和創新力。雷富禮上任之前，寶僑在日本的業績一直不理想，許多產品線在日本市場都只能搶到第二或第三名的位置，對於一向主宰美國家用品市場的寶僑來說，是很大的困境。

在日本，雷富禮運用專業，建立行銷及銷售原則，有計畫地建立寶僑在日本的市場。同時，他也發揮極佳的創新力。寶僑在日本推出濃縮洗碗精 Joy，準備與當地兩家市占各有 40％的大公司競爭。當時市面上的洗碗精多半是大瓶包裝、洗劑相對較稀釋。寶僑研發出濃度增加為三倍的洗碗精，相同分量的包裝就可以裝入三倍濃縮的洗劑。在那之前幾年，寶僑曾在英國及德國大規模推出類似的濃縮洗碗精產品，業績都遠低於當地對手，因此雷富禮必須非常謹慎。

雷富禮明白，寶僑的濃縮洗碗精 Joy 如果要能威脅到日本的領導品牌，就必須採行創新策略。寶僑把 Joy 定位為超

級去油汙的洗劑，廣告中由日本知名喜劇演員帶著一瓶 Joy 去「踢館」。更令人意外的是新產品的定價。雷富禮不用一般新產品上市時常見的低價策略，反而把價格訂得比兩個競爭對手還高。他認為，高價就象徵著產品更優質。雷富禮還一改新品上市時採用的多種尺寸和香味策略，只推出一種規格。不只更能讓消費者注意到新品，也讓零售業者能用相對較少的貨架空間，賣出最多產品。

雷富禮推測，競爭對手最佳的因應策略，就是更賣力促銷一般的洗碗精系列產品，鼓勵消費者拒絕濃縮洗碗精。但兩個對手都慌了，馬上也推出濃縮型產品，並且大力促銷。這樣的策略等於幫了寶僑一個大忙，承認濃縮洗碗精是更優質的產品，間接幫助了市場上第一個濃縮類產品 Joy。雷富禮承認，他的確是「賭上一把，如果兩個對手都選擇正確的守勢，就能制服我們，但他們沒成功。」從此，Joy 成為濃縮洗碗精市場的領導品牌，持續穩坐日本市場市占第一。

雷富禮的決策一向仰賴專業，無論是自己的專業還是別人的專業。他說：「我很喜歡專家和大師。他們都是無價之

寶，擁有我缺乏的各種經驗。」但專業並不妨礙他追求創新。2000 年升任寶僑執行長後，雷富禮大舉重整寶僑的文化，重新檢視核心價值、推動上文提到的「連結與開發」策略，大幅擴大寶僑的美容保養事業，並完成寶僑史上最大筆收購──以五百三十億美元買下吉列刮鬍刀（Gillette）。[2] 雷富禮事後承認：「我很敢冒險。」

我們可以從雷富禮前三十幾年的管理生涯中學到幾個概念。第一，觀點和工具會影響我們的經驗，而經驗又會反過來影響工具和觀點。經驗可以深化專業度、也可以培養創新力，兩者的提升都能幫助我們掌握整合思維的能力。接下來，我們會更仔細地討論這些概念。

觀點與工具如何影響經驗

我們最初的觀點和工具，會影響我們累積到的經驗。這是因為我們的觀點會主導我們取得哪些工具，而那些工具又會導引我們擁有特定的經驗。因此，如果有人認為既有的模型就等於現實、而且會害怕對立的模型，這樣的人就不太可

能相信還有更好的模型存在。因為無法接受有多種模型，他們很容易會失去耐心、快速從眼前既有的模型選出一個，無論該模式有什麼缺點。他們只會運用演繹與歸納推理，建構很簡化的模型，並且會極力主張自己的觀點，而非多方考量。因此，他們累積的經驗又會強化最初的觀點，讓他們認為自己已經掌握所需的工具了。

相反地，像雷富禮一樣的人，則會認為既有模型只是目前的最佳方案，他們喜歡對立的模型。而且，他們不只確定有更好的解決方案，還認為自己一定可以找到方法，因為他們有足夠的耐心、也有信心面對複雜問題。這種類型的人會運用生成性推理、因果模型及肯定式詢問等工具。他們創造新模型的經驗會強化最初的觀點，也會增加他們運用上述工具的技巧和敏感度。

雷富禮還只是沒什麼經驗的海軍軍官時，就沒有限制自己該如何經營海軍合作社。從管理生涯之初，他就抱持著這樣的觀點：一定有更好的解決方案。他樂於從複雜的情境中找到服務消費者的新方法、開發獨特的新商品，以及創造超

越其他合作社的業績。

　　雷富禮的觀點讓他得以從經驗中提升能力。隨著他對消費者愈來愈了解，他就能抓住機會，做出陶瓷大象那種沒人想得到的行銷企劃。如果他只是遵循海軍合作社的傳統經營模式，就不會累積那麼多經驗，也沒有機會強化他的個人知識系統。

經驗如何影響觀點與工具

　　雷富禮的經驗讓他發現自己喜歡經商，也發現他還需要更多、更高階的工具。他在海軍合作社表現很出色，但經驗也讓他深刻意識到自己仍缺乏許多正規的工具。於是，他進入哈佛商學院深造，這段期間增加的重要工具，也重新定義的雷富禮的自我認知。從哈佛畢業時，雷富禮已經不再是那個沒經驗的年輕人，而是具多年實務經驗、具備商業專業工具的年輕經理人。他的經驗和工具又強化了他的形象——他是非常懂消費者的厲害經理人。不意外的，從哈佛商學院畢業後，他選擇到寶僑的行銷部門，而沒有選擇另一家策略顧

問公司。

經驗與工具的回饋在雷富禮擔任寶僑亞太區總裁期間再度出現。派駐日本的雷富禮觀察到,一流的日本企業都非常重視消費者對產品設計的感受,從產品本身到包裝,甚至到消費者在商場購物的體驗。這項經驗讓他發現,設計可以成為寶僑的競爭優勢。他開始著手改善個人對設計的了解,不僅在公司內創立設計副總裁職位,更建立外部設計顧問委員會,與知名工業設計公司 IDEO 密切合作。隨著他對於設計的技巧及敏感度日漸進步,雷富禮已經成為業界知名的設計專家。

經驗可以強化專業

專業需要在特定的領域有反覆的經驗。大師已經具備足夠的經驗,在面對特定狀況時,不需像新手一樣,從原點開始判斷訊息。專家在面對無限的資料時,可以擷取出少數重要的資料,並看見其中的因果關係。由於已經擁有足夠的經驗,他們已經知道如何建立決策架構,創造出解決方案。

　　資歷豐富的醫師可能簡單檢查後就知道病患得了盲腸炎，剛畢業的實習醫師可能必須考量數十個可能性之後，才能推測出病人腹痛的原因。實習醫師可能粗略知道病症是「腹部疼痛」，但資深醫師根據經驗累積的敏銳度，可以更精確地將症狀歸類為「盲腸炎引發疼痛」。這樣的高手會從龐大的經驗資料庫中發展出辨識模型的技巧，讓他們可以更快找到解決方案。

　　我們無法偶然獲得專業，只能透過有計劃、有組織地一再重複某種經驗。這是為什麼我認為，經驗不一定會強化專業。如果你每天練習正手拍擊球數千次，你有可能在重要比賽中，以正手拍準確回擊。但要成為網球好手，則需要有系統的正手拍擊球計劃，在擊球時觀察和檢討每次擊球的結果。如果缺少計劃及架構，就很可能養成不正確的習慣，導致擊球的水平起伏不定。

　　雷富禮從擔任海軍合作社經理開始，就有系統地深化自己的專業。他會在週間舉辦特賣會，而不在週末舉辦，然後開始「探勘資料」，分析銷售數據。他不斷從經驗中強化專

業。在寶僑，雷富禮繼續加強對消費者的了解，聆聽消費者需求、採取回應行動，同時比對測試結果與期望。透過職涯中刻意的重複、有計劃、有系統的累積經驗，雷富禮才能成為創造、銷售及品牌經營的大師。

經驗也可以提升創新能力

在某些情況下，我們無法仰賴專業度的架構與系統規劃來解決問題。在那些反常的情況下，我們就需要創新的方法，也就是要靠創新力。創新力的特質包括勇於實驗、面對新的狀況能夠隨機應變，以及面對跟預期不同結果採取開放的心態。因為創新力的根源就是實驗，所以失敗很難避免。因此很重要的是，我們必須能面對反覆試誤及不斷修改原型的過程，否則我們可能會傾向於風險較低的策略，無法找出新的解決方案。

雷富禮在職涯中一直有意識地培養創新力。在海軍合作社時，聽說油價即將上漲，他馬上隨機應變、掌握賺錢良機。在寶僑，他花時間細讀消費者針對濃縮洗衣產品寫的意

見，展現了開放心態。憑著蒐集到的資訊，他才能想出新的回應。之後，他也大膽實驗，在日本推出 Joy 濃縮洗碗精，相信自己必須冒險才有機會達成目標。

那些經驗讓雷富禮知道，他可以接受伴隨創新而產生的風險。接掌寶僑執行長時，他已經對自己的創新力有足夠信心，可以大膽推動「連結與開發」專案及收購吉列刮鬍刀。他在創新方面的經驗可以回溯到在海軍合作社賣陶瓷大象那時候，每一次的成功經驗都讓他更有勇氣和信心，可以冒險追求更可觀的報酬。

結合專業與創新力

專業和創新力彼此相輔相成。雷富禮累積足夠的經驗後，無論是碰到需要專業度或是創新力的狀況，都可以迅速因應。他可以在兩者之間收放自如，有時甚至給人多重人格的印象。他可以精準、自律、依數據做判斷，有系統地分析消費者調查，做出數據導向的決策。碰到另外一個問題時，他又可以憑直覺做決定。事實上，看似數據導向的決策中，

可能也有直覺的判斷；而看似出於直覺的決策，也隱藏著詳盡的分析。

透過經驗累積而提升專業度與創新力，就是整合思維者的一大特質。Citytv 執行長茲奈默認為審慎管控 Citytv 的支出是他身為 CEO 的重要職責，這是經過多年累積的經驗。但他同時也開創了地方電視的新形式。「願景者」（visionary）一詞在商業世界已經有點被濫用，但茲奈默的創新就有點這樣的成分，他說：「像我這樣的企業家無可避免都有點偏執，我們會不斷思考一個概念，到非常執著的程度。我不知道為什麼會有這些想法，我只是一醒來就很清楚地知道，我想做什麼。」茲奈默認為，要結合專業度和創新力很不簡單，但確實有其必要。[3]

多倫多馬賓學校（The Mabin School）的創辦人潔芮・馬賓（Gerry Mabin）也同時展現了專業度和創新力。馬賓在兒童教育的專業讓她有能力根據學校教學法，預測每位學生的發展。馬賓學校的每個元素皆表達了該校的創校理念：為學生開啟學習之路。同時，馬賓的教學法充分運用學生自發

性的熱情和應變能力。學生的學習都是由他們的熱情來主導，馬賓說：「是學生帶著我們前進。」[4]

馬賓學校有個知名的故事，有次學校舉辦到博物館參觀的戶外教學，學生準備出發時，卻下起傾盆大雨。大雨停後，學生開始跟著老師出發，走上通往博物館的陡坡。半路上，幾個學生好奇地看著路邊旋轉冒泡的積水。老師不但沒有堅持大家一定要按原計劃去博物館，反而就地跟大家上了一堂關於積水的課。那次隨機自發性的學習經驗已成為學校的傳奇故事，當時參加戶外教學的學生都沒有後悔最後沒去成博物館。

雷富禮、茲奈默和馬賓等領導者示範了最好的經驗，是同時兼顧專業度與創新力。普通領導者多半只會擇一發展。有些人長期增強專業，但沒有培養創新力。他們善於維持既定模式，卻沒有能力開創新局。如同哈佛商學院教授艾美‧艾德蒙森（Amy Edmondson）曾警告：「小心，我們天生容易偏重培養專業度，而忽略創新。這種傾向會把我們困在既定軌道上，只是在不斷改善手邊正在做的事，努力爭取些微

優勢。如此會完全錯失徹底改變的機會，也錯失了創新的機會。」[5]

有些人確實展現創新的能力，卻沒有培養足夠的專業度。這種類型的「創意人」就無法長期經營大規模組織，因為他們缺少企業領導者需具備的多項專業能力。

一味發展專業而忽略創新力，也會陷入停滯。從不嘗試以新角度思考的人，會一直看到相同的考量重點、因果關係和問題架構，所以只能重覆提出相同的解決方案，即使面對不同情況也無法靈活變通。因此，沒有創新的專業，會使人走進死胡同。

同樣地，缺乏專業判斷的創新，也容易導致過度隨意的決策。專業才能幫助我們分辨考量重點、了解因果關係，以及分析複雜問題。缺少專業的創意很可能只是隨意的猜測。一次可能成功，但很少能創造持久、連續的成功。專業造就創新的著名案例，或許就是畢卡索。畢卡索引領的立體派革命或許會讓人以為他是完全原創的藝術家，但熟悉他在立體派之前作品的人就知道，他其實也是傳統派繪畫的高手。因

為專精於傳統繪畫技法，畢卡索才能在現代藝術史上產生真正原創性的突破。

　　整合思維的核心，就是專業度和創新力的整合。缺少專業度，就沒有具參考價值的考量重點、因果關係或決策架構。少了創新力，就無法得出創意的解決方案。少了創新解決方案，專業度就無法提升。而當專業度停滯不前，我們也很難保持創造活力。專業能促進創新，反之亦然。兩者彼此相互依存。

個人知識系統的正向循環

　　我們的觀點、工具和經驗不斷地彼此強化。每次你運用生成性推理、因果模型及肯定式詢問找到創意解決方案時，就加深對這些工具的了解，也增強自己有能力找到創意解決方案的信念。

　　同時，你也提高了下次找到創意解決方案的成功機率，因為你從之前的成功經驗累積了更多技能，而成功經驗又會強化你的樂觀觀點及信心。整合思維者不斷累積成功經驗，

不斷增加自己處理複雜問題的信心。

有些人很年輕時就開始這樣的正向循環。IOWH 成立之初，創辦人哈爾就是同事口中的「為什麼不博士」（Dr. Why Not）。哈爾回憶：「他們會說：『噢，那一定辦不到。』我的回答通常是：『為什麼不？』」哈爾從小時候就抱持這樣的觀點。她總是質疑老師教導的每件事，她喜歡自己決定要相信什麼。「誰說答案不是這樣？」是她的招牌問句。[6]

後來，她慢慢了解到，用這種方式問問題，多半不會得到好答案。雖然她在溝通技巧上愈來愈純熟，她的基本觀點卻從未改變。她一再以創意解決衝突，這些經驗又強化了她對既有模型並非唯一模型的看法，促使她不斷學習能夠創造新模型的工具，並磨練找到創意解決方案所需的敏銳度和技巧。

反覆練習也提升了她的信心。哈爾知道自己每天努力在做的事是困難的，但她同時從長年的經驗中了解她做得到。她經常運用容納對立想法的特質，化解看似衝突的二難困局，正如錢柏林預測的，她已經把這樣的思考模式發展為潛

意識的習慣。

在我訪問的整合思維者當中，哈爾並非特例。他們都充滿信心，卻不自大。他們從多年累積下來的敏銳度及技巧中得到自信，也培養出沉著樂觀的觀點。

提煉經驗中的知識

我們都沒辦法回到童年，重新開始練習從既有模型中找出新模型，但我們可以從未來的經驗中學習。要從經驗中進步，首先必須先如本書第六章所提到的，觀察自己的思維模式。把自己的預測以某種形式記錄下來，比對實際結果和原本預期的異同，我們才能從經驗中學習。

雷富禮非常有紀律地探究自己的思維模式。他會自問，要確認某個結論夠不夠好，「我們必須相信什麼」。就像第六章提到的，我們必須問，某個模型如果要成立，必須具備哪些條件。[7]

藉由事先提問，雷富禮為自己的決策創造一套有邏輯的

檢核方法。如果某項決定沒有產生期望結果，他就可以檢討，要讓那項決定變得合理，哪些條件必須成立，並試著找出自己在哪裡犯了錯，或遺漏了哪些考量重點。就像羅伯·楊要求自己每天進步一點，雷富禮也把自己從經驗中得到的教訓帶入下個模型，每一次下決策都更熟練一些。

為確保羅特曼學院整合思維課程中的每個人都能從經驗中充分學習，我們請學生透過檢核與記錄自己的決策，來探究自己的思維模式，並比對實際結果跟自己的預測。如果結果與預測一致，學員的觀點和工具就能因此增強，也能加強下次做決策時的信心。如果結果與預測不一致，學生就可以問：是否要改變這次所用的工具或調整觀點，才能產生更好的結果？透過練習，學生在還原決策過程和檢討結果上，就能愈來愈熟練。

整合思維者的知識系統

我們已在之前的章節中，繪製出整合思維者的個人知識系統，包括觀點、工具及經驗（參考圖 8-1）。

圖 8-1

整合思維者的知識系統

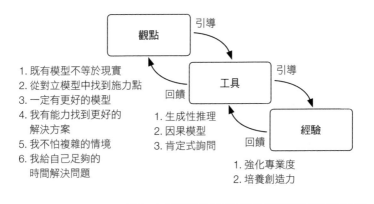

整合思維者靠著觀點、工具與經驗不斷成長,愈來愈精於打造創意解決方案。這套系統也可以協助你愈來愈熟練,但請記得保持耐心及時時反思。

談到耐心,整合思維者都需要豐富的經驗來琢磨敏銳度及技巧。對多數人來說,都要費時多年甚至數十年才能得心應手,就像許多戒癮組織所說的,「你得慢慢來」。活用整

合思維觀點的六項特質，你就可以漸漸建立你需要的工具，慢慢累積經驗，提升解決難題的敏銳度與技巧。

至於反思，則可以盡可能擴大你從每個經驗中學到的教訓，讓你朝整合思維的道路加速邁進。我們很容易在思考後就採取行動，卻不習慣思考自己是如何思考的。管理學大師杜拉克在 1965 年的一次演講中，曾對此發表看法：「除了極少數的人以外，我們通常都看不見那些最顯而易見、最簡單、最清楚的結論。我們常常看不見那些顯而易見的事物。也許這表示，當我們把顯而易見的事視為理所當然，就容易無視它們。」[8]

回應杜拉克的洞見，本書試圖找出那些顯而易見、被視為理所當然的道理：傑出領導者想得跟其他人不一樣。他們運用的整合思維並不是火箭科學，而是合理且務實的思考模式。但這種思考需要專業度與創新力，而兩者都來自經驗。反思能幫助我們對抗把顯而易見的事視為理所當然的傾向，有了反思，經驗才有價值。當你拒絕把思維模式視為理所當然，就給了自己最好的機會，盡可能提升及利用容納對立想

法的特質。

　　親愛的讀者，當你建立自己的知識系統、學習整合思維的藝術與科學時，祝你好運。請努力執行，也努力思考吧。這個世界需要你。

致　謝

這本書的出版，要感謝許多朋友與同事。首先，最重要的功臣是我的兩位夥伴，希拉蕊・奧斯丁・強森（Hilary Austen Johnson）以及米希尼亞・莫多維諾（Milhnea Moldoveanu），沒有兩位的貢獻，就不會有這本書。

我在 1995 年認識強森，當時她在史丹佛大學寫論文（Hilary Austen Johnson, "Artistry in Practice," 1998，可見於史丹佛大學圖書館），指導教授是詹姆士・馬奇（James March）與艾略特・艾斯納（Elliot Eisner）。強森介紹我認識馬奇教授在組織學習領域的研究，以及艾斯納教授的量化研究。兩者都是這本書得以寫成的重要關鍵。強森的論文研究人如何形成對藝術的知識，她使用的模型也是本書後半部的關鍵架構。另外，強森論文中的訪談技巧，也讓我在訪談

書中許多領導者時受益良多。最後，本書前半部的基礎模型，也是 2001 年在強森位於加州聖塔克魯茲（Santa Cruz）的家中首次建構、成型。我強烈推薦大家可以閱讀強森的文章（Hilary Austen Johnson, "Artistry for the Strategist," *Journal of Business Strategy* [volume 28, issue4, 2007: 13-21]）。

1999 年夏天，莫多維諾加入羅特曼管理學院的教職員行列，就在我任職院長的一年後，從那時候開始他就是我最重要的研究夥伴。2002 年，莫多維諾主持德索托整合思維研究中心（Desautels Centre for Integrative Thinking），致力研究整合思維。他讓我對分析哲學與科學史有更多了解，深深影響了我的研究。莫多維諾是我認識最飽讀詩書的人之一，他總是有辦法將我的想法與學術研究結合，找到我本來不會知道的文獻。例如，本書第六章提到的，提出可謬論（fallibilism）的哲學家查爾斯·桑德斯·皮爾斯（Charles Sanders Peirce）的作品。莫多維諾也是羅特曼管理學院推廣整合思維的核心人物，幫助大家將思考化為行動。

學院裡集合了一群從各地來的同伴們，他們對於整合思維的研究有持續的貢獻，也在這本書寫作過程中提供各種支援。蘇珊‧史布拉格（Suzanne Spragge）是我每一堂整合思維課程的共同授課教師，她也為這本書付出非常多。珍妮佛‧萊爾是這本書的共同研究者。梅蘭妮‧卡爾（Melanie Carr）是精神科醫師，幫助我思考培養整合思維能力的過程中會面臨的情緒挑戰。

2006 年的夏天，在我提筆寫作前，麥坎‧葛拉威爾（Malcolm Gladwell）召集了一群頂尖的作家與編輯，提供我許多非常實用的建議。葛拉威爾是《引爆趨勢》（*Tipping Point*）與《決斷 2 秒間》（*Blink*）等暢銷書作者，詹姆士‧索羅維基（James Surowiecki）著有《群眾的智慧》（*The Wisdom of Crowds*），兩位作者連同《紐約客》雜誌（*New Yorker*）編輯亨利‧范德（Henry Finder）以及《紐約時報》編輯布魯斯‧海德蘭（Bruce Headlam）都為本書的架構提供非常寶貴的意見。海德蘭的點子後來更成為這本書的書名（謝謝你，布魯斯！）。葛拉威爾與海德蘭都對書稿提出極有價值的回饋建議。

很多很多的同事與朋友都幫忙看書稿並提供建議，我由衷感謝。感謝 Joe Baum、Brendan Calder、Petra Cooper、Nancy Lockhart、Terry Martin、Bob McDonald、Sally Osberg、Joe Rotman、David Smith、Lynn Utter、Larry Wasser，以及 Craig Wynett。多倫多大學前校長、也是我的導師羅伯・普查德（Rob Prichard）給我極為重要的建議，讓我知道如何將大量的成功領導者訪談資料整理進書中，我非常感激。我以前的學生大維・伊頓（Dave Eden）告訴我錢柏林（Thomas Chamberlin）一世紀前的科學文獻，成為書中很重要的內容，我猜他一定想不到錢柏林的篇幅在書中如此有份量。

我在羅特曼學院的同事史帝夫・艾倫伯格（Steve Arenburg）是邀請諸多成功領導者來羅特曼的大功臣。這些人都是全世界最忙碌的人士，但他們都非常高興應艾倫伯格的邀請來學校，度過了非常愉快的時光。Teamwork Communications 的鮑伯・佛萊克（Bob Fleck）用影像記錄了這些成功人士的討論過程。優秀的《羅特曼雜誌》（*Rotman Magazine*）編輯凱倫・克里斯汀生（Karen

Christensen）自 1999 年以來就不斷協助我在雜誌發表關於整合思維的文章。

2006 年的夏天，我向學校請假，專心投入寫作第一版的初稿。這麼做可能會影響羅特曼學院的運作與進步，幸好我有兩位非常傑出的副院長吉姆・費雪（Jim Fisher）及彼得・寶利（Peter Pauly），還有行政主管瑪莉—艾倫・葉歐曼（Mary-Ellen Yeomans），他們在那個暑假代我管理學院。當我發現根本沒人發現我不在的時候，還覺得有點傷心呢！

《哈佛商業評論》（Harvard Business Review Press）資深編輯傑夫・凱霍（Jeff Kohoe）花很長時間與我討論該如何寫這本書，也是他鼓勵我提出寫這本書的構想。他是非常棒的出版合作夥伴，也帶領《哈佛商業評論》優秀的團隊協力支援這本書的出版。

當我想找一位編輯幫我把初稿整理成最終書稿時，馬上想到之前合作非常愉快的夥伴，《哈佛商業評論》的資深編輯哈里斯・柯林伍德（Harris Collingwood）。他曾經協助我

的文章——「道德矩陣：企業社會責任與績效的關聯」（"The Virtue Matrix: Calculating the Return on Corporate Responsibility"，《哈佛商業評論》，2002 年 3 月）。柯林伍德為這本書增添了很多亮點，也修整掉很多不必要的內容。我真希望自己也有他的寫作功力。

最後，但也最重要的，我想感謝我最厲害的經紀人蒂娜‧班奈特（Tina Bennett）。她是每位作者都最想要有的經紀人。當她相信這本書的價值時，她一定會排除萬難，不會讓任何事阻礙書的出版。她從這本書一開始就全力支持，確保找到最適合的出版社、激發大家對這本書的興趣。在我緊張或焦慮時，她總是能保持冷靜，並且展現出堅定的決心。她是我的摯友，我的作者生涯最重要的幕後功臣。

我希望你們會喜歡這本書，更重要的是，我希望這本書能幫助你將潛能發揮到極致。上面感謝的所有人都為這本書傾注了心力，但只有你可以實際行動。我希望這本書可以鼓勵你變得更好。如果它真的有幫到你，那我才算完成任務。

參考文獻

第 1 章

1. F. Scott Fitzgerald, *The Crack-Up* (New York: New Directions Publishing, 1945).

2. Michael Lee-Chin, in discussion with author at the Rotman School, Toronto, February 28, 2002.

3. *Forbes* 2006 List of Billionaires. Lee-Chin ranked 365 with $2.1 billion net worth, see http://www.forbes.com/lists/2006/10/7TE8.html.

4. All monetary references in the book converted to and denominated in U.S. dollars except those contained within the quotes of a speaker.

5. Andrew Willis, "AIC's Disadvantage: No Street Friends," *Globe and Mail,* September 2, 1999.

6. Thomas C. Chamberlin, "The Method of Multiple Working Hypotheses," *Science* XV, no. 366 (February 7, 1890): 93.

7. Wallace Stevens, "Notes Toward an Extreme Fiction," *The*

Collected Poems of Wallace Stevens (New York: Vintage Books, 1990), 380.

8. A. G. Lafley, in discussion with author at the Rotman School, Toronto, November 21, 2005.

9. Bob Young, in discussion with author at the Rotman School, Toronto, September 23 and October 6, 2005.

10. Larry Bossidy and Ram Charan, *Execution: The Discipline of Getting Things Done* (New York: Crown Business, 2002); Jim Collins, *Good to Great: Why Some Companies Make the Leap... And Others Don't* (New York: HarperCollins, 2001); Jack Welch, *Jack: Straight from the Gut* (New York: Warner Business, 2001).

11. Bossidy and Charan, *Execution,* 22.

12. Collins, *Good to Great,* 37

13. Chamberlin, *Science,* 94.

第 2 章

1. A. G. Lafley, in discussion with author at the Rotman School, Toronto, November 21, 2005.

2. Isadore Sharp, in discussion with author at the Rotman School, Toronto, April 11, 2002.

3. Kevin Libin, "Four Seasons Hotels," *Canadian Business,* June 23, 2003, 48.

4. Roger Hallowell, "Four Seasons Hotels and Resorts," Case 9-800-385 (Boston: Harvard Business School, 2000).

5. *Fortune,* "Best Companies to Work For" annual lists, 1998-2006.

6. The concept of an "activity system" is drawn from Michael Porter,"What Is Strategy?" *Harvard Business Review,* November-December 1996, 61-70.

第 3 章

1. Craig Wynett, in discussion with author at Proctor & Gamble, Cincin-nati, Ohio, October 18, 2006.

2. Jordan Peterson, in discussion with author at the Rotman School,Toronto, November 24, 2004.

3. The concepts behind this example draw heavily on a lifetime of workby Chris Argyris, for example as discussed in Chris Argyris, *Overcoming Organizational Defenses* (Boston: Allyn & Bacon, 1990).

4. John Sterman, in discussion with author at the Rotman School, Toronto, March 23, 2003.

5. Jack Neff, "Does P&G Still Matter?" *Advertising Age,* July 25, 2000.

6. A. G. Lafley, in discussion with author at the Rotman School, Toronto, November 21, 2005.

7. See http://www.alumni.hbs.edu/news_events/alumni_ achievement/2004_lafley.html.

8. Larry Huston and Nabil Sakkab, "Connect and Develop: Inside Procter & Gamble's New Model for Innovation," *Harvard Business Review,* March 2006, 58-66.

9. Bob Young, in discussion with author at the Rotman School, Toronto, September 23 and October 6, 2003.

10. Piers Handling, in discussion with author at the Rotman School, Toronto, March 7, 2002.

11. Brenda Bouw, "25 Years of Toronto's Film Festival," *The National Post,* May 8, 2000.

12. Liam Lacey, "TIFF/Outpacing Sundance, Passing Cannes," *Globe and Mail,* September 3, 2005.

13. Gina McIntyre, "Buzz Bin," *Hollywood Reporter,* September 6-12, 2005.

14. A. G. Lafley, in discussion with author at the Rotman School, Toronto, November 21, 2005.

第 4 章

1. See http://www.medalofFreedom.com/MarthaGraham.htm; http:// www.time.com/time/timeIOO/artists/profile/graham.html.

2. Subsequent facts concerning Martha Graham from http://www.

kennedy-center.org/honors/history/honoree/graham.html; http://
www.biography.com/search/article.do?id=9317723.

3. Daniel Levinthal and James March, "The Myopia of Learning,"
    Strategic Management Journal, 14 (Special Issue, Winter 1993):
    95-112.

4. Peter Drucker, in discussion with author at the Rotman School,
    Toronto, June 12, 2002.

5. Hilary Austen, in discussion with author at the Rotman School,
    Toronto,March 25, 2002.

6. F. C. Kohli, in discussion with author at the Rotman School,
    Toronto, October 5, 2006.

7. Bruce Mau, in discussion with author at the Rotman School,
    Toronto, November 2, 2004.

8. Tim Brown, in discussion with author at the Rotman School,
    Toronto, January 15, 2004.

9. Moses Znaimer, in discussion with author at the Rotman School,
    Toronto, April 10, 2002.

第 5 章

1. I am indebted to Hilary Austen Johnson for the thinking behind
    thestance, tools, and experiences framework. I became familiar
    with her thinking on personal knowledge systems during the writing

of her dissertation at Stanford University; this chapter has strong roots in that work. For those wantingto read more of her work, see Hilary Austen Johnson, "Artistry for the Strategist," *Journal of Business Strategy,* vol. 28, issue 4 (2007): 13-21.

2. Bob Young, in discussion with author at the Rotman School, Toronto, September 23, October 6, 7, 27, and 28, December 1 and 2, 2003.

3. Marshall McCluhan, *Understanding Media: The Extensions of Man* (NewYork: McGraw-Hill, 1964; republished by Gingko Press, 2003).

4. Sumantra Ghoshal, "Bad Management Theories Are Destroying Good Management Practices," *Academy of Management Learning and Education* 4, no. 1(2005): 75-91.

5. Richard Nelson and Sidney Winter, *An Evolutionary Theory of Economic Change* (Cambridge: Harvard University Press, 1982).

第 6 章

1. Victoria Hale, in discussion with author in San Francisco, December15, 2006.

2. See http://www.macfound.Org/site/c.lkLXJ8MQKrH/b.959463/ k,9D7D/Fellows_Program.htm.

3. Meg Whitman, in discussion at the Rotman School conference,

Toronto, January 28, 2005.

4. Nandan Nilekani, in discussion with author at the Rotman School, Toronto, September, 16, 2002.

5. Jack Welch, in discussion with author at the Rotman School, Toronto,September 12, 2005.

6. Ramalinga Raju, in discussion with author at the Rotman School, Toronto, October 26, 2004.

7. Bruce Mau, in discussion with author at the Rotman School, Toronto, November 2, 2004.

8. The derivation of contented model defense is from the original work of Karl Popper on justificationism in Karl Popper, *The Logic of Scientific Discovery* (London: Hutchinson, 1959).

9. Nathan Houser and Christian Kloesel, eds., *The Essential Peirce: Selected Philosophical Writings (1867-1893),* vol. 1 (Bloomington: Indiana University Press,1992), and Peirce Edition Project, eds., *The Essential Peirce: Selected Philosophical Writings (1893-1913),* vol. 2 (Bloomington: Indiana University Press, 1998).Later, Karl Popper developed the concept of falsificationism (also in *The Logicof Scientific Discovery* cited above). While apparently it was not based on Peirce's work because Popper only came upon it later, it reinforces and builds on Peirce's fallibilism. Later still, Imre Lakatos built further with the concept of sophisticated methodological falsificationism; see Imre Lakatos, "Falsification and the Logic of Scientific Research Programmes," in Imre Lakatos

and AlanMusgrave, *Criticism and the Growth of Knowledge* (New York: Cambridge University Press, 1970). My optimistic model seeker construct is meant to combinethe concepts of Peirce's fallibilism and Lakatos' sophisticated methodological falsificationism.

10. Bob Young, in discussion with author at the Rotman School, Toronto, September 23 and October 6, 2003.

11. Michael Lee-Chin, in discussion with author at the Rotman School, Toronto, February 28, 2001.

12. K. V. Kamath, in discussion with author at the Rotman School, Toronto, April 16, 2004.

13. Robert McEwen, in discussion with author at the Rotman School, Toronto, October 18, 2006.

14. Jan Rivkin, "Imitation of Complex Strategies," *Management Science* 46, no. 6 (June 2000): 824-844; and Mihnea Moldoveanu and Robert Bauer,"On the Relationship Between Organizational Complexity and Organizational Structuration," *Organization Science* 15, no. 1 (January 2004): 98-118.

第 7 章

1. Taddy Blecher, in discussion with author at the Rotman School, Toronto, September 16, 2006.

2. Education in South Africa, see http://www.southafrica.info/ess_ info/sa_glance/education/education.htm.

3. David White, "How to Build a University at Minimum Cost," *Financial Times,* June 6, 2006.

4. Peirce, *The Essential Peirce* (vols. 1 and 2).

5. James March, Lee Sproull, and Michal Tamuz, "Learning from Samples of One or Fewer," *Organization Science* 2 (1991): 1-13.

6. John Sterman, in discussion with author at the Rotman School, Toronto, March 24, 2003.

7. Jay Forrester, *Industrial Dynamics* (Cambridge: Pegasus Press, 1961).

8. George Lakoff and Mark Johnson, *Philosophy in the Flesh:The Embodied Mind and Challenge to Western Philosophy* (New York: Basic Books, 1999).

9. His body of work includes books in which he describes this technique including: Chris Argyris, *Knowledge for Action* (San Francisco: Jossey-Bass, 1993).

第 8 章

1. A. G. Lafley, in discussion with author at the Rotman School, Toronto, November 21, 2005.

2. Procter & Gamble 2006 Annual Report, note 2, p. 49.

3. Moses Znaimer, in discussion with author at the Rotman School, Toronto, April 10, 2002.

4. Gerry Mabin, in discussions with author at the Rotman School, Toronto, February 16, 2001.

5. Amy Edmondson, in discussion with author at the Rotman School, Toronto, October 24, 2004.

6. Victoria Hale, in discussion with author in San Francisco, December 15, 2006.

7. A. G. Lafley, in discussion with author at the Rotman School, Toronto, November 21, 2005.

8. Peter Drucker, "Entrepreneurship in Business Enterprise," speech presented at the University of Toronto, March 3, 1965; "Commercial Letter" (Head Office, Toronto: Canadian Imperial Bank of Commerce, March 1965,11-12).

國家圖書館出版品預行編目（CIP）資料

決策的兩難／羅傑‧馬丁（Roger Martin）著；馮克芸譯.
-- 第二版 . -- 臺北市：天下雜誌，2019.08
　　面；　公分 . --（天下財經；384）
譯自：The opposable mind
ISBN 978-986-398-442-9（平裝）

1. 領導者　2. 思考　3. 矛盾　4. 決策管理

494.21　　　　　　　　　　　　　　　108006928

訂購天下雜誌圖書的四種辦法：

◎ 天下網路書店線上訂購：www.cwbook.com.tw
　　會員獨享：
　　1. 購書優惠價
　　2. 便利購書、配送到府服務
　　3. 定期新書資訊、天下雜誌網路群活動通知

◎ 在「書香花園」選購：
　　請至本公司專屬書店「書香花園」選購
　　地址：台北市建國北路二段 6 巷 11 號
　　電話：（02）2506 － 1635
　　服務時間：週一至週五　上午 8：30 至晚上 9：00

◎ 到書店選購：
　　請到全省各大連鎖書店及數百家書店選購

◎ 函購：
　　請以郵政劃撥、匯票、即期支票或現金袋，到郵局函購
　　天下雜誌劃撥帳戶：01895001 天下雜誌股份有限公司

＊ 優惠辦法：天下雜誌 GROUP 訂戶函購 8 折，一般讀者函購 9 折
＊ 讀者服務專線：（02）2662-0332（週一至週五上午 9：00 至下午 5：30）

決策的兩難
The Opposable Mind
原書名為《別在夾縫中決策》

作　　　者／羅傑・馬丁（Roger Martin）
譯　　　者／馮克芸
封面設計／Javick 工作室
內文排版／喬拉拉・多福羅賓
責任編輯／許　湘

發　行　人／殷允芃
出版一部總編輯／吳韻儀
出　版　者／天下雜誌股份有限公司
地　　　址／台北市 104 南京東路二段 139 號 11 樓
讀者服務／（02）2662-0332　　　傳真／（02）2662-6048
天下雜誌 GROUP 網址／ http://www.cw.com.tw
劃撥帳號／ 01895001 天下雜誌股份有限公司
法律顧問／台英國際商務法律事務所・羅明通律師
總　經　銷／大和圖書有限公司　　　電話／（02）8990-2588
出版日期／ 2010 年 11 月 24 日第一版第一次印行
　　　　　 2019 年 8 月 2 日第二版第一次印行
　　　　　 2019 年 11 月 18 日第二版第五次印行
定　　　價／ 380 元

書號：BCCF0384P
ISBN：978-986-398-442-9（平裝）

天下網路書店 http://www.cwbook.com.tw
天下雜誌我讀網 http://books.cw.com.tw/
天下讀者俱樂部 Facebook　http://www.facebook.com/cwbookclub